中国環境法素描

——2015 年新中国環境保護法をめぐる議論の諸相——

編訳　矢沢久純

日中言語文化出版社

凡　　例

1　注につき、頁毎に注番号が付されている場合、本訳書ではその番号のままでは極めて不便であるため、論文毎の通し番号とし、各論文の後ろにまとめて置いた。

2　中国語の原語を記載した方が良いと考えた箇所は、隅付き括弧【　】で括って、原語を示した。

3　訳出にあたり、語句を補った方が理解しやすいと考えられたときは、亀甲〔　〕を付してその中に記した。また、必要に応じて、訳注を付けた。右肩に〔訳注1〕とあるものが訳注であり、原注の後に説明文を記載した。これも論文毎の通し番号にしてある。

4　中国では、法律名を二重山型括弧《　》で括る習慣があるが、日本では、初出の場合等、何らかの理由がある場合にカギ括弧「　」で括ることはあっても、法律名を特に括弧で括ることは行わないのが通常である。しかし、法律名が《　》で括られていると、読むときに分かりやすいのは事実である。本訳書では、中国での慣行のまま、法律名を《　》で括った。

5　本文中の書籍名は、二重カギ括弧『　』で括った。

6　丸括弧（　）は、基本的に原文のままである。

7　今後の参照の便を考えたとき、注は、極力、原文のままであることが望ましいし、また文献名を邦訳することは無意味であるため、ほぼそのまま記載した。従って、書籍名や逐次刊行物名の引用は、基本的に原文のままである。しかし、中国では外国の学術文献の引用の際に執筆者の国名を執筆者の前に記すことが多いが、本訳書では執筆者の後に記した。

8　見出し等の体裁については、いずれの論文も、それぞれの原著掲載場所の規定に従って書かれている。本訳書においては、不統一感は否めないものの、原文を尊重して、特に統一することはせずに、原文のままとした。

初出一覧

第 1 章　北九州市立大学法政論集第 44 巻第 1・2 合併号（2016 年 9 月）及び第 3・4 合併号（2017 年 3 月）

第 2 章　北九州市立大学法政論集第 46 巻第 1・2 合併号（2018 年 12 月）

第 3 章　北九州市立大学法政論集第 47 巻第 3・4 合併号（2020 年 3 月）

第 4 章　北九州市立大学法政論集第 46 巻第 3・4 合併号（2019 年 3 月）

第 5 章　本書のために訳出したもの

第 6 章　北九州市立大学法政論集第 48 巻第 1・2 合併号（2020 年 12 月）

第 7 章　本書のために訳出したもの

目　次

iii

第1章　環境政策唱導便覧

自 然 の 友

矢沢 久純
　　　　　　　訳
劉　　紅艶

1．略述

1．1　政策唱導とは何か

政策唱導（policy advocacy）とは、法律、公共の計画又は裁判所の判決といった政策の選択権や決定権を持っている者の活動に対して影響を与えるために尽力することを言い、政策の性質を変えることを通じて、多方面にわたり多くの個別事例の対象又はグループを変えることを目標とするものである。

アメリカの政治社会学者であるラリー・ダイヤモンド（Larry Diamond）は、NGO【非政府組織】の活動を以下の 6 種類に分けている[(1)]。すなわち、1）興味、関心及び見解を表明すること、2）情報を交換すること、3）共通の目標を達成すること、4）国に対して要求を出すこと、5）国の構造及び機能の改善に参与すること、6）国に対して責任を問うこと、である。ダイヤモンドは、NGO はこの 6 種類の活動における参与のレベルが高くなればなるほど（ 1）から 6））、市民社会及び民主的発展に対する貢献が大きくなる、と考えている。

ダイヤモンドの分類から、私たちは、政策唱導というのは比較的高いレベルの NGO 活動に属するものであることが分かる。

1．2　我が国の NGO による政策唱導の現状

2007 年、賈西津は、《中国の市民が参与する NGO という方法の分析【中国公民参与的非政府組織路径分析】》という一文の中で、中国のNGO の 3 種類の市民参与モデルを提示し、そして次のように解している。すなわち、──その中で構造的に参与するという権利の付与の意義が最も強いが、しかし、なおも自己組織化の薄弱な個体が参与しているという段階にある。最もよく見られる政策決定への参与においては、唱導性のある NGO はある領域において成功を収めているものの、普遍的な制度としての参与手段は依然として形成されていない。参与式の統治モデルの方は、農村、都市における地域【城市社区】、弱者グループ【弱勢群体】が自治を行うとか、役所が公共サービスに対し金銭を出す等の

面で、市民の権利の新しい成長点となっている。そして、政治化された
市民参与は、中国の改革開放以降、伝統的な市民参与及び拡大された意
味での市民参与の多くの面を含んでおり、西側諸国の参与モデルと同じ
ではない、と指摘している。

　2008 年、詹学勇（XUEYONG ZHAN）と唐水燕（SHUI-YAN TANG）
は、ラリー・ダイヤモンド（Larry Diamond）の分類[2]を用いて、中国
の環境保護組織に対する評価を行い、次のように指摘している。すなわ
ち、中国における大部分の環境保護組織（28 団体）のプロジェクトは 1
－ 3 の活動類型に限られており、これらの活動は「非政治的活動」と呼
ぶことができる。非常に少数の環境保護組織だけは、かなり限られては
いるものの、4 － 6 の活動類型、例えば汚染被害者を援助して地方企業
に戦いを挑む活動に入っていっており、これらの活動は「政治的活動」
と呼ぶことができる。2013 年、詹学勇（XUEYONG ZHAN）と唐水燕
（SHUI-YAN TANG）は、中国の 28 の環境保護組織に対して行なった 2
回（2003-2005; 2009-2010）の調査のデータに基づいて分析した結果、
次のような結論を出している。すなわち、政治構造の変化によって環境
保護組織が政策唱導を行う機会は一層、大きくなり、資金面が比較的良
く、かつ党－国の関係部門と政治的つながりのある環境保護組織がこれ
らの機会を利用する技量をますます多く持ち、そうしてその組織自らの
政策唱導能力を高めている。しかしながら、党－国の関係部門の間のつ
ながりは、逆にその政策唱導の類型を制約している可能性もある。その
文章は同時に、次のことも指摘している。すなわち、西側諸国の類似の
組織とは異なり、中国の民間の環境保護 NGO【非政府环保组织】は、
公共的政策唱導や大規模社会運動に参与することは比較的少ない。同時
に、権威ある関係部門に挑戦することを試みている国内のその他の民間
組織とも異なり、中国の民間の環境保護 NGO は、おしなべて、ある種
の非対抗的立場を選択している。全体的に言えば、これらの組織の能力
と政策唱導に対する関心は非常に限られている。

　以上の文章は、中国における、NGO を仲介とする公衆の参与のモデ
ル、環境保護などの NGO によるプロジェクトの水準、並びにその政策

唱導に携わるという望み、能力及び空間等の面から、概ね、我が国の NGO、特に環境保護などの NGO の、政策唱導という側面における存在の現状を表している。実際、学界によるこの問題に対する研究はこれに限られているというだけでなく、とりわけ 2006 年以降、この種の研究は、数の上では、それ以前と比べて明らかに増えている。王绍光は、中国の公共政策議事日程の中で決められている 6 種類のモデルは「民衆参与の程度」を分類の横軸とし、同時に「民衆」を議事日程の提議者の一として分類の縦軸に置くことを提案している[3]。吴湘玲と王志華は、ジョン・W・キングドン〔John W. Kingdon〕の多源流分析枠組みを採用して、問題、政策、政治という三つの源流と政策窓口という四つの面から、我が国の民間の環境保護 NGO による政策の議事日程参与について分析を行なっている[4]。宋方青は、完全な立法情報の公開制度、立法のための公聴会を強化する制度、立法のための世論調査を確立する制度といった三つの面から、地方の立法過程における公衆の参与を推進することを提案している[5]。代水平は、エリノア・オストロム〔Elinor Ostrom〕の集団行動理論という視点から、我が国の立法への公衆の参与には公衆の理性による選択と社会資本の欠落という二つの面の困難な状況があると提議している[6]。杨添翼、宋宗宇及び徐信貴は、環境立法中の公衆参与に対して専門的な検討を行い、我が国の環境立法は政府機関を主導とする立法モデルであって、事実上の閉鎖性という特徴が見られると解している[7]。この他にも、多くの文章が、政府と公衆との関係という視点から、我が国の政策過程における公衆の参与と NGO の参与に論及している。例えば、王名[8]、郇庆治[9]、杨晓光と丛玉飞[10]、黄爱宝と陈万明[11]等である。そして、政府と NGO の関係についての専門的な討論から、例えば、康晓光と韩恒[12]、范明林[13]といった人物の論述において、私たちは、もっとはっきりと、中国の NGO の行動空間の限界性を見ることができる。

　「統治【治理】」という理念は、前世紀の 90 年代から国際社会において起こり[14]、そして急速に中国に導入された後[15]、NGO が参与する政策唱導に関する研究がまた国家統治の分析枠組みに取り入れられたが、し

4

かし国内の関連する研究は、依然としてあまり見かけない。第十八期三中全会の決定の中では、国家統治体系及び統治能力の現代化を改革の全体的目標としている[16]。これに伴い、国家統治に関連する研究が大量に現れた。包剛升[17]は、会社統治という視点から、授権代理契約が相互認容【相容】原則を奮い立たせるのに適うものなのかどうかという点に基づいて、国家統治は共同享受型国家統治と利益分離型国家統治の二種類に分けることができると考えている。丁志剛は、中央の十八大以降、中国共産党の党委員会【党委】による指導、政府による責任の承引、社会協同、公衆参与、法治の保障といった社会管理体制を確立する速度を速めなければならないということが何度も強調されており、実際に、多元的共治【多元共治】の理念が体現されていたと考えている[18]。郑言と李猛は、民主的に政権を担い、必要な政策の制定及び実施の過程を民衆に向けて開放し、多元的統治の主体の発展のために良好な法律、政策、制度環境を提供しなければならないと提案している[19]。この他には、個別の博士、修士論文において、衝突管理、環境統治等の視点に基づいてNGOの役割を研究する試みが始まっている[20]。しかしながら、全体的に言えば、国内における、国家統治という分析枠組みに基づくNGOの政策唱導に関連する研究は、なおも極めて少ない。

　ここまでで私たちが分かることは、中国のNGOの政策唱導に関連する研究はなおも多くないことである。そして、数からいってそう多くはないものの、文献に基づいて整理すると、私たちは、前述の研究には一つの共通の特徴があることに気付く。すなわち、一つの事例に基づく研究であれ、多くの事例の比較研究であれ、個別事例に対する深い記述及び分析が欠けており、依然としてマクロ的で、類型化をする段階で止まっているのである。もちろん、この段階の研究も特に重要なものであり、それらのお蔭で私たちは一段高い段階で現状について判断することが可能となる。しかしながら、深みのある個別事例が欠けているがために、そのような整理はあまりにも原則を重んじているように見えるのも確かである。さらに指摘しなければならないことは、前述の研究は予測性という観点を提示しているものではあるが、決して我が国のNGOに

よる政策唱導の現状を真に記述しているものではない。私たちは、早急に、真実のことそして深みのある事例を以て、あまりにも原則を重んじているかつての論述を充実させ、併せて現実世界において起きている事実を提示する必要がある。

1.3 我が国の NGO による政策唱導の方式

我が国の NGO による政策唱導の方式は、概ね、以下のように帰納することができる[21]。すなわち、

1）直接代表

これは、NGO が、程度は異なるものの、政策制定過程に直接、参与し、そして自己の立場や見解を表明することができることを指す。現在のところ我が国が定めている直接参与の方法の主要なものとしては、立法／法律改正／司法の各過程における公開の意見募集、大衆からの便りと陳情（投書・陳情制度【信访制度】）、指導者応対日、電子政府、行政公開及び情報公開、公聴会【听证会】、座談会【座谈会】／連絡会【通气会】／面談会【见面会】／意見交換会【咨询会】等がある。

2）間接代表

これは、NGO が政策制定過程に直接、参与して自己の立場や見解を表明するすべがないときに、それに代わり、政策制定過程に直接、参与することのできるその他の関係者との協力を通じて、間接的に自己の立場や見解を政策制定過程に伝えることを指す。現在のところ我が国にある各クラスの人民代表大会制度及び政治協商〔会議〕制度は、民間の声を間接的に伝える働きを有し得る。

3）法的手段

これは、情報公開の申請、行政再議の提起、民事公益訴訟及び行政公益訴訟といった公益訴訟の提起等の法的実践を通じて、立法の唱導及び法律執行の監督を行うことを指す。

4）街頭行動

これは、体を使ったサイレントアピール【行为艺术】、集団デモ【集体游行】等、戸外での行動を通じて、公衆唱導及び異議表明を行うことを指す。

5）公衆伝播

　これは、伝統的な新聞、逐次刊行物、雑誌、新たに発生した媒体プラットフォーム【平台】(微博、微信〔いずれも中国における SNS〕)、インターネット等の伝播方法を通じて、声を発し、自己の立場や見解を表明することを指す。

6）専門的交流（学術交流及びシンポジウム）

　これは、交流プラットフォームを組織し、異なる方面の専門的有識者が同一の関心を寄せているテーマについて平等に話し合いをする場を提供して、それにより意見表明を実現することを指す。例えば、学術シンポジウムの開催をすることである。

7）多方面行動（合同遊説、連携行動、多元的共治）

　これは、異なる方面の多くの主体が、ある一つの特定の議題ないしはテーマについて、提携して行動のための共同体を形成すること――公開意見の連署行動及び「廃棄ゼロ【零废弃】」同盟のような連携行動を含む――、類似の又は同じ意見の者と提携同盟を結んで異なる角度及びレベルから共同で遊説を行うこと、そして異なる見解・立場を持つ利益関係者と共通の目標の達成について互いに妥協や提携をすることという多元的共治を指す。

8）国際的支援

　これは、本国以外の関係者が、資金の支援をしたり、世論による声援をしたり、政治的に圧力を加えたり、連携行動をする等の異なるやり方で支援をすることを指す。

　以上の唱導手段は、いずれも制度化された手段【制度化路径】と見なすことができる。いわゆる「制度」とは、一定の歴史的条件の下で、法律、定款といった成文の規範及び儀礼、風俗、慣習といった不文の規範に基づいて形成された行為規則を指す。そして、いわゆる「制度化された手段」とは、これらの成文規範及び不文規範による行為形式に合致することを指す。それは、「合致する」と「反しない」の二つの面を含んでいる。すなわち、〔前者が〕制度の限定に合致する手段であり、私たちはこれを「正式な制度化された手段」と呼んでいる。また、〔後者が〕制

7

度の限定に反しない（制度に限定のない）手段であり、私たちはこれを「非正式の制度化された手段」と呼んでいる。

「正式な制度化された手段」と「非正式の制度化された手段」の区別によれば、上の8種類の方式のうち、直接代表と法的手段は、正式な制度化された手段と見なすことができ、その他の6種類の方式は、程度は異なるが正式な制度化という内包も含んでいるとは言え、いずれも非正式の制度化された手段と見なすことができる。

政策唱導過程において、手段の選択は、唱導のテーマ、情勢の利害、唱導者自身の持つ資源等、多方面の要素にかかっている。いずれの手段も利害を有しており、従って手段の選択の基本原則は「最優性」である。すなわち、多方面の要素の分析及び判断に基づいて、最も優れていると評価される手段を選択することになる。しかも、政策唱導過程が発展するにつれて、いわゆる「最も優れている」手段もまた、変化が生じ得る。時勢の動きをよく見て調整や変更をする必要がある。要するに、明確な政策唱導目標に基づいて、（コストと結果を含めて）最も有効な唱導方式を選択することになる。

1.4 我が国の NGO による政策唱導の新たな特徴

近時の《環境保護法》改正過程に NGO が参与したという事実から、私たちは、以前とは異なる新しい特徴を見ることができる。

先ず初めに、組織的唱導が「魅力型指導者[(22)]」の唱導に取って代わり、専門的団体による組織的唱導に向かったことである。自然の友を例にすると、梁従誡以降、自然の友は 2005 年に専門的な法律及び政策唱導チームを組織した。その間の 2008 年に苦難に満ちた様式変更を経験した後、徐々に専門化していった。2011 年 9 月に「民間環境公益訴訟第一事件」を提起した後、その事件を進めていくのに伴って、自然の友は司法の実践による経験を積み始めた。団体の専門性と司法の実践という経験の蓄積、これぞ、自然の友が後の《環境保護法》改正過程において影響力を発揮する前提条件なのである。

次に、NGO の唱導における資源の整理・集中度【資源整合度】が上昇したことである。《環境保護法》改正の唱導過程において、自然の友

を代表とするNGOは、社会資源の動員と整理・集中を、一段、高い水準にした。周巍が総括した我が国のNGOが公共政策に参与する12種類の手段[23]の中で、「抗議活動」以外は、程度は異なるものの基本的に採用されている。唱導手段の多様化は社会資源の多様化をも意味しており、自然の友はその20年の発展過程の中で築いた社会的信頼、人脈ネットワーク、資源（経費の出所、メディア、専門家、会員、人民代表大会の代表、NGOの仲間等を含む。）がネットワークを維持しており、その多様化した唱導手段に対して有効な支援となった。それと同時に、改正過程は時間が限定されていてしかも唱導の結果が予期できないものであるので、自然の友は多様化した唱導手段と資源を効率高く整理・集中させることを実現した。このことは、国内（民間）のNGOの中で新たな道を切り開いたという意義を有している。

　第三に、NGOによる政策唱導の有効性がますます高くなったことである。このような有効性は、新《環境保護法》の「情報公開と公衆参加【信息公开与公众参与】」という特別の章〔第五章のことで、第53条から第58条まで6ヶ条の法文が置かれている。〕において無から有へという形で、そして司法解釈がNGOの意見を採用するという形で直接、体現された。当然のことながら、このように言うことはNGOの政策影響力を一面的に強調している嫌いがあるが、私たちは、これもまた政策制定過程が一層開放された結果であると信じている。まさに郇慶治が述べているように、「政府内部の生態主義意識が比較的強いか、あるいは生態環境管理の権限を持っている少数の部門が、まさにいま、環境NGOの発展〔のため〕の、制度内での支援及び原動力となっている。そして、環境NGOのために比較的開放された一つの『政治機会構造【政治机会结构】』を提供したのである。自然の友が、国内外の影響を最も有している環境NGOとして、その中での最大の受益者となったことは、理の当然である[24]」。

　第四に、NGOが政策唱導過程において、国家統治主体という資格の合法性を確立し、構築し始めたことである。今回の改正唱導過程から、私たちは確かに「NGOによる唱導は、その公民に権利を与える機能を

実現した」と見ている[25]。しかしながら、「NGOと政府との間の対話に制度化された手段が出現したものの、全体的に言えば、これらの制度化された参与方法とNGOが実行している公民に権利を与えるという目標は、完全に符合するに至っていない」という結論には完全には賛同しない。なぜなら、私たちは、今回の改正過程においてNGOの参与の強度と有効性の程度【強度和效度】を見ているからである。私たちはさらに、制度化された参与方法（正式なものと非正式のもの、直接的なものと間接的なものを含む[26]。）は、もしかするとNGOが実現しようとする公民に権利を与えるという目標の有効な手段となる（あるいは、その有効な手段に拡張される）かもしれないと考える方に傾いている。現有の制度化された参与方法の拡張と深化に基づいて、NGOはあるいは、獲得した国家統治主体という資格の合法性を頼みとすることができるかもしれない。政治構造の変化は、環境保護組織が政策唱導を行う機会をますます大きくしてくれたが[27]、しかし、この機会の利用は「資金面が比較的良く、かつ党－国の関係部門と政治的繋がりのある環境保護組織[28]」に限られない。政策唱導に参与するNGOの類型はますます多元化すると予見することができる。「社会組織のそれぞれの領域における、そして社会生活のそれぞれのランクにおける十分な発展が、公民参与の程度と民主的統治の制度の建設を強め、各種の類型の社会組織が、異なる社会階層の公民の代弁及び表明の仕組みとして効力を発揮し、社会組織及びその各種の政治的勢力間で相互に競い合い、影響し合ったり、相互に監督したり、相互に牽制し合うという新型の政治構造を形成する[29]」。この「新型政治構造」については、私たちは《環境保護法》改正唱導過程においてその可能性を見ることができた。

　全体的に言えば、最新の《環境保護法》改正過程において私たちは我が国のNGOが政策唱導過程において上に挙げたいくつかの新しい特徴や新しい様相を体現しているのを見たとは言っても、客観的に言えば、依然として、参与しているだけである。このような参与は、それ自身の専門性と社会的資源の整合能力が実現する結果の有効性（私たちが見ることのできる範囲のことについて言っているに過ぎない。）に基づいて、

参与過程において NGO に一定の意義の参与主体としての権威性を与えていたに過ぎない。こうした権利付与は、改正過程において体現されているにとどまらず、改正の結果の上でもなおさら体現されている[(30)]。そして、政策制定過程の内部は、NGO の唱導行動が示している開放と受け入れに直面して、依然として「行政受け入れ」式であるか否かを問わず、私たちは、少なくとも以前よりももっと開放的で平等な姿を見たのである。なかでも、司法解釈の制定過程に至っては、技術を唱導すること——「我々の提言書簡は、争いが大きい条項について、どの条項に賛成するかをはっきりと提示しており、このことは彼らに対するある種の支援です[(31)]。」——から、結果を唱導すること——「我々が最高法院に対して送った提言書簡ですが、主要な部分はほとんどが採用されました[(32)]。」——まで、また最高法院が自然の友による省をまたいだ訴訟の事例を用いて司法操作の局面での省をまたいだ環境公益訴訟を行う可能性を回答していることは、いずれも私たちに、政策制定過程の内部では NGO に対して独立した主体としての身分を一定程度、承認していることを見せてくれる。このような承認の背後の動機が何であろうと、少なくとも結果として言えば、その積極的な社会的意義がある。私たちは、「環境保護 NGO は、人大代表、政協委員、関係領域の政府要員及び専門の学者との橋渡しを強めることによって、制度化の橋渡しを調和させる仕組みを築くことができ、以て組織内外の人的資源の政策活動能力を存分に発揮させることができるのである[(33)]」に賛同するが、しかしまた、このような「政策活動能力」は必ずや NGO が国家統治主体としての資格の合法性を獲得する助けにもなる、とも考えている。この判断はもしかすると楽観的すぎるように見えるかもしれない。しかしながら、今回の改正過程は間違いなく私たちにこのような一つの可能性を見せてくれた。それ故、邓伟志と陆春平が提示した社会共同主義【社会合作主义】という視点に賛成する。すなわち、「中国における国家と社会の関係の発展変化の段階は、国家共同主義体制から準国家共同主義体制へ、さらに社会共同主義体制へと至り、民間組織の地位もまた、政府当局のコントロールから官民共同へ、さらには民間自治を経験してきている。政府と民間

組織の関係もまた、絶対的主導から相対的主導へ、さらには平等的共同
へと至っている[(34)]。」

2．典型的な環境政策唱導事例の分析

2．1　事例 (1)：エアコン温度 26 度による省エネという環境唱導行動
2．1．1　経過略述

エアコン 26 度省エネ行動【26 度空调节能行动】の主要な根拠は、夏
季の空調の温度を 26 度より低く設定しないという考え方である。この
考え方の提示は、二つの理由による。先ず第一に、これに関連する研究
の結論によれば、通常の場合、夏季は、室内の温度が 24 ～ 28℃の間の
とき、人体の感覚が最も快適となる。第二に、人体の快適さを保証する
という前提の上で、空調の温度を 26℃以上に設定することは、大きな
環境的利益、経済的利益、そして社会的利益を生み出す。

エアコン 26 度省エネ行動は 2004 年に始まり、最初の行動主体は六つ
の団体であった。すなわち、北京地球村、世界自然基金会、中国国際民
間組織合作促進会（"民促会"）、自然之友、環境与発展研究所、緑家園
志愿者である。2005 年に次の唱導団体が新たに加わった。すなわち、
中国環境文化促進会、香港地球之友、保護国際である。中国環境文化促
進会と保護国際は資金援助というやり方で参加し、地球之友は主として
香港で「エアコン 26 度省エネ行動」の唱導を行い、参加したそれぞれの
NGO がスタッフを提供して、省エネグループが発足した。これ以外に、
全国 50 余りの NGO が積極的に賛同し、この唱導行動が順調に展開さ
れ、広い範囲で広めることができた。

2004 年の 6 月 26 日から 9 月 26 日まで 26 度行動が北京で実施され、
各ランクの役所、北京駐在大使・領事館、多国籍企業、国有民営企業・
事業体、都市と町の住民、商業・貿易会社、ホテル等のエアコン利用者
に対し、「26 度行動」に加わってほしいとの呼びかけを行い、同じ目標
群に的を合わせるのではなく広範に働きかけた。行動することによっ
て、話題となる出来事を作り出し、メディア露出率を高めて、エアコン

26度省エネという考え方のために伏線を張っておいた。主な行動としては、次のようなものがある。すなわち、健康講座を開催して、健康という角度から26度という考え方に切り込むこと、26度という考え方を地域社会に入れて地域に賞品をあげること、若者に対象を絞って歌唱大会で宣伝を行うこと、団体が「デイ・アフター・トゥモロー【后天】」という映画〔2004年のアメリカ映画。原題はTHE DAY AFTER TOMORROW〕を上映し、関連する講座を協力して行なって、省エネと気候変動問題とを結び付け、エアコン省エネという考え方に対する民衆の理解が深まるよう促すこと、である。この行動は、ホテルという特殊な空調消費群に焦点を合わせて、2年目のさらなる推進のために、ホテル業協会や北京オリンピック組織委員会が、グリーンホテル基準の中でホテルの空調温度について強制的にコントロールすることで伏線を張った。行動グループが遊説を行なった結果、10の一流ホテルと高級オフィスビルが26度行動に加わることを承諾してくれ、夏の間、公共区域にある建造物の空調温度を26度あるいはそれ以上に調節してもらうことに成功した。

　1年後の2005年の6月26日から9月26日まで、26度行動が北京で再び実施された。この唱導行動も、承諾如何に関わるものであった。すなわち、オフィスビル、ホテル、商業施設等の公共の場所に対して「26度承諾カード【26度承诺卡】」を交付し、加わることを希望する者が記入した。NGOは、この行動をやっている3ヶ月間、承諾カードを集めて、監督を行なった。予想された目標は1年目の成果を維持し、上回るものであったところ、50のホテルがこの行動に加わるという成果を勝ち取った。ホテル協会と旅行局に対して、関連する業種規定を打ち出すよう遊説を行なった。政府上層部への遊説は継続して行い、全国的な公共政策を打ち出すことを要請した。

　2005年6月30日、温家宝総理は、「節約型社会建設の速度を速める【加快建设节能型社会】」と題する講話の中で、夏季の間、事務室、会議室等の事務区域の空調温度を摂氏26度より低く設定してはならないということを明確に提示した。この講話はさらに進めて、重要な活動と外

13

交活動を除き、その他の公務活動は正装をしなくてもよく、以てエネルギーの節約に利するようにすることも提示した。7月5日、国務院機関事務管理局及び中共中央直属機関事務管理局は、現実的に目下の中央及び国家機関の資源節約業務に力を入れることに関する通知を出し、各部門に対して明確に、「空調の温度を合理的に設定し、事務室、会議室等の事務区域の夏季の空調温度を摂氏26度より低く設定してはならず、人のいないときは空調をつけず、空調をつけているときは戸や窓を開けないようにする……」と要求した。7月27日には、北京市役所は、市のすべての法人に対して「1kW時ごと節約、省エネのための貢献」という公開書簡を出した。その書簡の中で明確に、ホテルは空調温度を摂氏26度以上にし、事務室及び公共の活動の場所は夏季の空調温度を摂氏26度以上に設定することを提示していた。2005年夏、海尔中央空調は、エアコン26度省エネ行動に対して賛同する、空調業界企業の最初の代表となり、製品の研究開発及びユーザー指導の面で活動を展開し、全部で2千人を超える従業員が承諾カードに署名した。2007年6月1日、国務院弁公庁が《公共建築物における空調温度規制基準を厳格に実施することに関する通知【关于严格执行公共建筑空调温度控制标准的通知】》を出し、2007年、全国人大常任委員会が《中華人民共和国エネルギー節約法【中华人民共和国节约能源法】》を改正すると、その後は、各地の行政法規が続々と登場し、実施された。

　2012年、自然の友は、今度は、「私は都市のために体温を測ります【我为城市量体温】」活動を始めた。これは、エアコン26度省エネ行動に続くものである。このときから、毎年、暑い季節に入ると、自然の友はボランティアを組織し、手に温度計を持って、博物館、図書館、空港、銀行、映画館、ホテル、地下鉄といった公共の場所に行き、都市の公共建築物の室内温度を測定して、「エアコン26度」の実践状況を監督し、都市の省エネ空間の評価をして、公共建築物の低炭素省エネに関心を持ってもらい、エコ生活を唱導している。2014年には、自然の友は、上海、南京、蘇州、杭州、鄭州、広州、紹興、福州、湘潭、郴州、武漢、襄樊、深圳、福建といった14の会員班と協力して、「私は都市のた

めに体温を測ります」活動を共同で展開した。これは、全国9省市自治区の15の都市及び地区に及ぶものであった。この活動は現在も継続中であり、しかも形式はますます多様化しており、民衆に、公共建築物空間の省エネ空間に関心を持ってもらうよう呼び掛け、公共建築物空間の室内温度を摂氏26度より低くしてはならないことを促している。

2.1.2　経過の分析

エアコン温度26度による省エネという唱導行動は、ことのほか典型的な一事例であり、いかなる状況においてもほぼそうであると言えるが、環境保護組織が展開する唱導活動に一たび話が及ぶならば、必然的にエアコン26度省エネ唱導行動に触れられることになる。これは一つの成功した唱導行動であると言うべきで、「夏季の公共区域の室内空調は26度に設定しなければならない」ということを最終的に政策という形で確認することができ、ことのほか人を奮い立たせたのは確かである。それと同時に、この成功事例は、私たちに十分に考え直させる多くの内容も含んでいる。

私たちは先ず、この唱導はなぜ成功することができたのかを述べたい。

先ず第一に、エアコン26度省エネ行動が含んでいるところのエネルギー節約は、特に節電の理念であり、当時の宣伝の主流に順応するものであった。2004年と2005年は、夏季の電力不足、スイッチオフと電力制限がメディア、民衆、政府のいずれもが関心を持ったホットな問題となった年で、エアコン温度26度による省エネという唱導行動が電力不足問題のための一つの解決策を提供するものであった。この解決策は建設的で、やりやすく、民衆の生活の快適さを犠牲にしないので、各利益関係者に受け入れられやすかったのである。

第二に、エアコン26度省エネ行動での投入は比較的大きいことである。ここで言っている投入というのは「資金」の投入を指すのではなく、むしろもっと多くのことであり、マンパワーという面での投入である。北京地球村、自然の友、世界自然基金会を含むいくつかの主要な提唱団体は、そのスタッフがこの唱導行動に全力で身を投じた。彼らは、多種

多様にして、しかも集中的な民衆活動を組織した。

　第三に、環境保護の著名人の影響力である。エアコン26度省エネ唱導行動の中で、北京地球村の創始者である廖暁義女史も、非常に多くの時間と精力を投入した。そこには、メディアからのインタビューを受けるとか、インターネットを通じて生で民衆と交流を行うといったことも含んでおり、多くの場合、エアコン温度26度による省エネの宣伝や説明を行なっていた。このような、個人が発揮する影響力もまた、軽視することはできない。

　第四に、メディアとの良好な交流を保ち、協力して政策の唱導を推進することである。それぞれの具体的な行動を実行するとき、ニュース・メディアの報道により、唱導活動が必要とする情報伝達を絶えず強化するのである。これは、唱導活動の目標の達成を大いに推進した。これ以外に、科学研究機構、政策遊説は、いずれも極めて重要な行動仲間であり、戦術である。

　第五に、状況の変化により適時に目標、戦術を変えていくことである。エアコン26度省エネ行動が始まったばかりの頃は広範囲にわたる民衆唱導だけであったが、この理念が広く受け入れられてからは、唱導目標は一層具体的で狙いを定めたものに変わった。例えば、高級ホテルや企業に焦点を絞って遊説を行うとか、民衆唱導の基礎の上で、政策唱導の内容を加える等。この点は、環境保護組織がどのような唱導行動を展開するときでも参考にする価値がある。

　最後に、エアコン26度省エネ行動は、環境保護組織の連携行動の先駆けとなったことである。北京のいくつかの団体が率先して提唱し、全国各地のNGOが続々と共鳴して、NGOの限りある力で、壮大な気勢を作り出した。この点は、以後、環境保護組織によって広く使われている。

　このように見てくると、エアコン温度26度による省エネという唱導行動の成功は、ほとんど必然的なものであったが、しかしまた、再度行うことは困難なことであった。しかしながら、この事例は依然として参考に値する点が多い。例えば、唱導行動の目標と内容は建設的なもので

なければならず、それが各利益関係者から大きな支援を得たこと、メディアとの交流を重視すること、環境保護組織間の協力は非常に重要であり、科学研究機構との協力もそうであるということ、環境の大きな変化により適時に目標や戦術を変えていくこと、である。

エアコン 26 度省エネ行動はまた、いくつかの問題も反映していて、あるものは「歴史的限界性」と言うべきである。例えば、2 年間大々的に展開された後は、このプロジェクトはほとんどはたと止み、各団体の活動の重点はこれではなくなった。その変化は速く、また主観的であった。この点は、おそらく、NGO が発展する段階の問題であろう。現在は、比較的成熟したいくつかの NGO は、基本的にこの点を克服している。

別の問題は「竜頭蛇尾」である。エアコン温度 26 度による省エネという唱導行動というこの事例では、この点と先の問題が同じ流れをくむものである。このプロジェクトがはたと止んでも、自然は、政策の実施が所定の位置についたかどうかを監督したり、政策の実施が所定の位置についたことを監督に行くことはできない。私たちが警戒しなければならないことは、プロジェクトが突然、停止するというこの現象がなかったとしても、今も依然として「竜頭蛇尾」の状況は存在しており、私たちは、ときには、段階的勝利にのぼせ上がってしまうかもしれず、それぞれの段階で新たな問題が現れる可能性があるということを忘れてしまうことである。

2012 年に自然の友が始めた「私は都市のために体温を測ります」活動は、うまくいったとは言えないながらも、「エアコン温度 26 度による省エネという唱導行動」が何年か前に漏らしていた後続の監督活動を再び始めたものである。これも、一つの勇気と言えるはずだ。

2.2　事例 (2)：「奢侈的水消費」唱導行動

2.2.1　経過略述

我が国の一人当たりの水資源量は 2,100 ㎥しかなく、世界の一人当たりの水準の四分の一でしかない。そして、北京の一人当たりの水資源量は 200 ㎥に届かず、全国平均水準の十分の一に届いておらず、世界平均水準の三十八分の一に達していない[35]。

北京は深刻な水不足の都市であるが、しかし、北京で生活している絶対多数の人は、この残酷な事実について少しも知らないのである。2008年の北京オリンピック前後に、自然の友の会員である胡勘平⁽³⁶⁾は、北京は河北省や山西省から水をまわしてもらわなければならないことを聞いており、北京の水不足問題を知って、とことん探求する【一探究竟】ことを決めた。初歩的な資料の閲読と分析を行なった胡勘平は、北京の水資源情勢が極めて厳しいというこの事実と同時に存在するのは、水資源を何ら憚るところなく思いのまま浪費しているということであるのに気付いた。北京の非常に多くの浴場センターは、いずれも、地下水を掘って水を得る方式を採用しており、タイプは何であれ温泉の水消費量には目を見張るものがあったのである。

　胡勘平は自然の友の第1期常務理事であり、環境を保護する人間としてのある種の責任感から、ある行動を採ることを決めた。ちょうど、自然の友が編集している年度環境グリーンペーパー【緑皮書】《中国環境発展報告【中国环境发展报告】》のテーマ選びのときに出くわし、胡勘平の動議である「北京の特殊な業種による水消費【北京特种行业水消费】」が、その年のグリーンペーパーの「持続可能な消費【可持续消费】」というテーマに入った。

　「北京の特殊な業種による水消費」という企画は調査研究を基礎にするものであり、調査報告を作り上げた後、メディアを通じて宣伝を行い、世論の圧力をつくって、政府との対話が行われるようにして、政策の完全性を追い求めるものである。それと同時に、「奢侈的水消費」という考え方の公共化と民衆の節水意識の向上、ひいては消費習慣を変えることを推し進めるものである。

　2009年9月－12月、胡勘平は、メディア界や環境保護界の友人、自然の友の会員を含む各方面のボランティアと連携して、前期調査研究に取りかかった。北京の各区や県の浴場場所はかなり分散しているので、実地での調査研究は、「ジグソーパズル式【拼图式】」を採り、サンプリング調査の位置を決めた。これは、一種の純粋な民間公益調査であり、皆が消費者の身分で、観察や訪問インタビュー等のやり方を通じて、手

分けして関係する場所の実地に行き、状況を調べる。そして、集まった
とき、これらの情報を皆と共有し、「ジグソーパズル式」を通じて資料
をまとめ、帰納する。次第に、真実の状況の「画面」が現れるのである。
ジグソーパズルが最後に作り出す「画面」は、やはりすべてが揃うわけ
ではないが、輪郭は比較的明晰であり、反映している問題はひどすぎて
心を痛めるものがある。すなわち、北京には3,000軒を超す温泉浴場が
営業しており、かなり全般的に、水を盗むとか、水使用量が基準を超え
ているとか、水資源を浪費するという現象が存在していて、毎年の水資
源消耗量は8,160万トンに達していたのである。

　節水、それは、浴場業が履行する企業の社会的責任の重要な内容とな
らなければならず、消費者が入浴のときに自覚する行為にならなければ
ならない。しかしながら、浴場センターにおいては、消費者と経営者は
往々にして節水を重要視していない。ここにおいて、人々は水使用につ
いてストレスを感じることなく、水に対してとんと気にかけず、思いの
まま浪費するということが至る所で見られる。調査を行う中で、入浴者
は往々にして、これまで水資源浪費問題を気にしたことはないと表明し
た。ある客は、自分はどのみち風呂屋に入るのにお金を払ったんだか
ら、シャワーを浴びるとき水を流しっぱなしにすると考えており、「ボ
ディー・ソープを使うとき蛇口を閉める」という提案に対して、取り合
わなかった。そして経営者は、節水の宣伝・教育を推し進めるという面
でも、苦渋の心を示した。ある浴場センターの経営者は、「節水は、我々
にとってはもちろん有利であるが、しかし、我々がもし顧客に節水を言っ
たら、人さまから、我々は顧客を批判していると思われるかもしれな
いし、以後、我々のところに来なくなってしまうかもしれない」と吐露
した。経営者たちのこのような場所にとってみれば、節水教育をどのよ
うに展開するかは一個の難しい問題なのである。実のところ、消費者の
節水意識を向上させれば、浴場センターは完全に成果を上げることがで
きる。例えば、入浴の所に節水の注意書きを置くとか貼るとかするので
ある。しかしながら、残念なことに、調査の結果、浴場センターの半分
を超える浴場がこういったことについてのいかなる注意書きもしていな

いことが分かった。浴場センターの節水は、実効性を勝ち取らなければならず、現段階での比較的現実的で、しかも効果てきめん【立竿見影】の方法は、新型の節水器具（例えば、反応式シャワー口、足踏み式の出水装置等）を採用することである。困惑させることは、このような器具が首都北京の浴場で見出し難いことである。ある経営者の解釈では、「我々は、顧客が水使用が制限されると感じ、そして我々がケチであると感じてしまうことを恐れている」という。

　調査研究の結果に基づいて、データと資料が精確な報告書が形となり、見つかった問題について、以下のような提案を行なった。すなわち、

　第一。北京市に対して、長春市に学んで、できるだけ早く浴場業管理規定を打ち出すこと。長春市は、早くも 2001 年に《浴場業管理暫定方法》を公布して実施した。北京市の人民代表大会は 2005 年に、類似の「方法」を起草すると社会に公告したが、今までに、「方法」は出てきていない。

　第二。各浴場センターは節水技術の改革と節水器具を強力に普及すべきである。現在、北京、天津、南京など多くの大学の浴場はすでに水の使用についての管理と器具の改造を実現している。使った分だけお金がかかるので、節水の効果は明らかである。

　第三。都市の住民はテニスの全豪オープンの主催者に学ぶべきである。それはすなわち、「水浴は一分間だけ」である。全豪オープンの今年のテーマは節水で、主催者は、すべての運動者が、試合後の「水浴は一分間だけ」と呼び掛けた。主催責任者は、「簡単なことであるが、意味は非凡である。」と述べた。

　この報告書は、2010 年の中国環境グリーンペーパーに収録された。グリーンペーパーが 2010 年 3 月 19 日に発表されたのに伴って、新華社、中央電視台、北京電視台、人民網等、30 のメディアが、「奢侈的水消費」の問題を報道した。その中の全国性の新聞《科学時報》は第 1 面にそれを載せ、北京の地元の新聞《法制晩報》は第 1 面のトップにそれを載せた。各サイトも転載して伝えた。

　2010 年の春、西南大旱魃は全社会の注目を惹き起こした。そのため、自然の友は、世界水の日〔毎年 3 月 22 日〕の後、「西南大旱魃の思想と

行動」をテーマとするグリーン多角フォーラムを行なって、多くの専門家、民間の環境保護者、旱魃と戦う一線の行為者、メディアの人々を招待して、共に干害の深層の原因を反省し、水資源に対する思考を討論したり伝えたりした。このフォーラムでは「都市の水資源」という話題を特に設置して、都市の住民の節水意識を呼び覚ますよう訴えた。中国の多くの都市は極度の水不足であり、劣性の災害が一定の程度まで蓄積してから行動するのでは遅い。このフォーラムの開催は、発表したばかりの奢侈的水消費の報告書により討論と世論の雰囲気を作った。

　メディアの記事と社会の世論が注目するにつれて、温泉の浴場を代表とする奢侈的水消費の問題は、政府の関係する指導者から重視されるに至った。当時はちょうど《北京市節約用水条例》を改正しようとしていたときであり、北京市の水道事業の主管部門は調査団体の代表を招請して、交流を行なった。この交流過程で、自然の友の代表は問題のひどさを示しただけでなく、さらに一連の改善の意見を出し、立法を通じて浴場業の節水と公衆の意識をレベルアップさせる行動を推進するという希望を表明した。そこで、その後の《条例》改正稿には、「高級入浴業等、特殊用水業の新たな開設の禁止、水使用量を厳しく抑えること、再生水の使用を強制すること」が明確に書かれたのであった。

　北京浴場業水消費の調査研究と報告書を完成させた後、調査団体は北京市の特殊業種の水消費の状況について調査し続けた。それは、人工温泉、人工スキー場、ゴルフ場、洗車業等に及んでいた。調査の報告書は自然の友の 2010 年—2012 年の《中国環境グリーンペーパー》の中に収録されて、社会の注目を惹き起こし続け、広範な社会的影響をもたらした。そして、その中の「奢侈的水消費」という一連の文章は、メディアに注目されて記事となったばかりでなく、その中の見解とデータはメディアの関係する調査の基礎になった。例えば、新華社の各地の支社も浴場センターの水使用量についての調査を展開して、《半月談》という雑誌に継続的に発表されている。

　2．2．2　経過の分析

　「奢侈的水消費の調査研究と唱導行動」は、とりたてて、勢いの華々

しい事例というわけではない。環境保護 NGO の範囲の中でも、この事例をよく知っている人はあまり多くないのである。これは、奢侈的水消費という問題は矛盾点がないからである。公衆、政府、メディアも環境保護 NGO も、奢侈的水消費に対して一致した見解を持っている。これだからこそ、奢侈的水消費の調査研究と唱導行動に対する注目は調査研究の結果に集中している。ところが、この「調査研究と唱導行動」それ自体への注目は非常に少ないのである。

このことは、「奢侈的水消費の調査研究と唱導行動」が一つの非常に面白い事例になることを妨げない。

先ず、調査研究と唱導行動のテーマの選択である。大きいところに着目、小さいところに着手、これは実行しやすい。社会のすべての分野の人々は水使用の節約を提唱して水資源の浪費に反対しているが、この種の提唱と反対はつかみどころがなく、すべての人に提唱したり、反対したりしている。注力点はなく、誰にも影響しない。奢侈的水消費は水資源の浪費の反面典型として、水資源の問題についてのいろいろな矛盾が集まって、人々に注目されている。

次に、調査研究活動はすべてボランティアによって始められ、実行されたことである。「奢侈的水消費の調査研究と唱導行動」は胡勘平によって始められ、2010 年の中国環境グリーンペーパーの持続可能な消費のトピックの一つとして、「グリーンペーパー・プロジェクト【緑皮書項目】」の小額の支援資金をもらった。しかし、自然の友は調査研究過程に干渉しておらず、調査研究過程と調査報告書の執筆はすべてボランティアによって主導されていた。

第三に、自然の友は調査報告書の伝達及び後続の政策唱導行動を強く支援し、その行動に参加したことである。ボランティアが調査研究を終えた後、調査報告は 2010 年の中国環境グリーンペーパーに収録された。2010 年 3 月 19 日、グリーンペーパーが発表され、奢侈的水消費問題はメディアの強烈な関心を惹き起こした。これは当時の大きな環境と密接な関係があった。グリーンペーパーの発表は世界水の日の直前で、2010 年春の西南大旱魃にあたって、メディアはもともと水資源不足の

問題に関心を持っていた。そのとき、奢侈的水消費問題は人々の水資源浪費に対するあらゆる気持ちを誘爆した。瞬く間に、メディアと公衆の奢侈的水消費に対する注目と討論が盛んとなった。これが政府の注目と回答を惹き起こした。そのとき自然の友は、チャンスを逃すことなく、西南大旱魃をテーマとするグリーン多角フォーラムを行い、水資源の不足と浪費というこの話題はホットな話題になって、持続的な討論を惹き起こした。

　そのため、奢侈的水消費の問題は政府の関係する指導者からも重視されるに至った。《北京市節約用水条例》の改正過程において、北京市水道事業の主管部門は、調査団体の代表を招請して、交流を行なった。最後には、「高級入浴業等、特殊用水業の新たな開設の禁止、水使用量を厳しく抑えること、再生水の使用を強制すること」という内容が、《北京市節約用水条例》に書かれたのである。

　第四に、ホットな話題が過ぎた後も、続いていることである。2010年、奢侈的水消費は社会のホットな話題となった。しかも、奢侈的水消費に反対することは政策レベルに上昇した。しかしながら、ボランティアの調査研究は終わっておらず、彼らは高消費水業界について調査研究し続け、調査報告書も中国環境グリーンペーパーに連載発表され続けた。

　これは一つのボランティアが主導してできた事例であり、環境保護組織もその中で大きな役割を果たしたと言える。この役割とは主に各種の支援を提供することであった。

　この事例から、私たちはボランティアの力を見ることができる。多くの場合、ボランティアと言えば、私たちは通常、「参加している」と思っている。つまり、環境組織のイベントに参加したり、ボランティアサービスを提供することである。ところが、この事例は、ボランティアは自ら事を成し遂げることができ、彼らは考えがあって、実行力もあるということを教えてくれる。条件が合う場合、環境保護組織はボランティアの独自の調査研究と唱導行動を支援してもいい。自分で公衆が参与するプラットフォームを作らなければならないと環境保護組織はよく言う。このプラットフォームは活動を行なって人を参加させることに限る

べきではなく、できるだけの支援を提供して個々人が自発的に注目して、環境問題を解決することができるようにすべきである。どうせ、ボランティアは個人として、労力等、持っているいろいろな資源には限りがある。類似の事例として、張家界の羅攀峰が古木を保護した事例がある。ボランティアが主導し、環境組織が支援して、最終的に、古木を保つことができたのである。

　この事例は、着実に事を行うのが大切で、時勢の動きをよく見ることも大切であることを教えてくれる。私たちは仕事に没頭することだけを考えることはできず、大きな環境を見なければならず、自分がやることを環境のホットな話題と結び付ける——このようにするともっと多くの可能性が生まれるのである。「奢侈的水消費の調査研究と唱導行動」は、本来、「奢侈的水消費の調査研究行動」であるが、このテーマは当時の大きな環境に応じて、西南では百年ぶりの大旱魃があって、全社会が水不足問題に注目していた。このようなときに奢侈的水消費なんてことが存在しているのか——このようなテーマは必然的に注目を惹き起こすことになる。そのとき、強力な伝播が必要である。自然の友は直ちに、この調査報告の伝播に非常に大きな支援を与えたのである。

　もう一つはありきたりの話である。NGO はただ反対するだけではなく、建設的な意見を出すべきである。奢侈的水消費問題は広範な注目を惹き起こした後、政府の部門は積極的に調査団体と自然の友を見付けて、改正中の《北京市節約用水条例》について意見を求めてきた。そのときは、私たちは建設的な意見を出すことが必要であったのであり、奢侈的水消費に対してひたすら反対を表明しただけではなかったのである。

2.3　事例 (3)：《環境保護法》改正過程における自然の友の主導的参加

2.3.1　経過略述

　我が国の現行の環境保護法は、1979 年試行法を基礎として、1989 年に正式に公布、施行されたものであり、今日まで 25 年間、施行されている。2011 年、環境保護法の改正が全国人大の法改正議事日程に組み入れられ、2012 年 8 月から 2014 年 4 月まで、この法律の改正草案は四度の審議を経て、しかも「小修正」から「大改正」に変わって、最終的に

は、2014 年 4 月 24 日、十二期全国人大常委会第八回会議での採決により通過し、2015 年 1 月 1 日に効力が生じた。

このときの環境保護法の改正は、社会全体の関心と熱い議論を惹き起こした。草案についての第一次審議から第四次審議に至る過程において、環境保護に関心を持つ社会公衆、専門家、メディア、NGO 等が、それぞれ異なる角度や立場から声を上げた。そして、法改正部門、環境保護部門もまた、情報公開、公衆の参与、環境経済政策といった面で、積極的な試みを行なった。このように、下から上へ、そして上から下への声に基づいて、完璧ではないが、かなり進歩した環境保護基本法が実施されたことは、軽視できない効果をもたらした。

4 年の歴史を持つ改正過程の中で、自然の友を代表とする民間環境保護組織は、異なる段階で、異なるやり方でその中に参与した。私たちは、以下の一覧表から、だいたいの経緯を知ることができる。

時　　　期	改　正　過　程	環境 NGO の行動
2011 年	環境保護部が全国人大環資委に対して提出した環境保護法改正案提案原稿の中で、「汚染により公共の環境利益に対して損害を与えるときは、法律により登記された環境保護社会団体、県ランク以上の地方人民政府の環境保護行政主管部門により、法律により人民法院に対して訴訟を提起することができ、汚染者に対して不法行為責任を要求できる。」と書かれていた。	2011 年 9 月、自然の友と重慶緑色志愿者联合会が共同原告となり、雲南省曲靖市中級人民法院に対して環境公益訴訟を提起し、云南省陆良化工实业有限公司と云南省陆良和平科技铬渣が環境を汚染していると訴えた。
2012.08- 2013.06	《環境保護法改正案（草案）》について初めての審議。中国人代ホームページ上で公表され、社会に公開されて意見募集が行われたところ、1 ヶ月以内に、すべて合わせて 9,572 人のインターネット・ユーザーによる 11,748 件の意見が寄せられた。 この草案は公益訴訟条項を有していなかった。	自然の友は検討会を開き、全国人大に公開書簡を提出して、環境公益訴訟等の重要な環境制度を法律改正案に入れるよう呼びかけた。

2013.06- 2013.08	6月26日、十二期全国人大常委会第三回会議において、改正案草案第二次審議稿に対する審議が行われた。 7月19日から8月18日まで、改正案草案二審稿について、社会に公開されて意見募集が行われ、すべて合わせて822人が2,434件の意見を提出した。二次審議稿の、環境公益訴訟についての規定は、「環境を汚染する行為、生態を破壊する行為、社会公共の利益を害する行為に対しては、中华环保联合会及び省、自治区又は直轄市が設立した环保联合会は、人民法院に訴訟を提起することができる。」であった。	6月26日、自然の友は「現在、審議中の《環境保護法改正案(草案)》の環境公益訴訟条項に関する緊急アピール」を出し、環境公益訴訟の主体としての資格を緩和するよう訴えかけた。自然大学は「誰でも公益訴訟」公開書簡連署活動を始めた。最終的に、360人の連名、112の環境保護組織の連署による公開書簡を全国人大常委会に手渡した。 伝統的なメディア及び微博等、メディアから広範に伝わった。 7月26日、自然の友と自然大学は共同で、中国神华煤制油化工有限公司と中国神华煤制油化工公司鄂尔多斯煤制油分公司が内モンゴル自治区オルドス市の環境を汚染していると訴えを提起した。しかし、何も返事は来ていない。 8月13日、自然の友、阿拉善SEE公益机构、公众环境研究中心の三環境保護組織が、環境法学の専門家、企業家、環境保護の専門家と連携して、新浪微博上で討論を繰り広げ、オンラインで疑問に答えた。そのすぐ後に、「《環境保護法改正案(草案)第二次審議稿》に関する意見」を提出した。主要な提案は、公民の環境権の規定を追加すること、公益訴訟条項の修正、環境アセスメント制度を完全なものにすること、固体廃棄物回収体制を確立すること等である。
2013.10	2013年10月21日、環境保護法改正【修订】草案が、十二期全国人大常委会第五回会議に提出され、3回目の審議が行われた。三審稿の、環境公益訴訟主体に関する規定は、環境を汚染する行為、生態を破壊する行為、社会公共の利益を害する行為に対しては、法律により国務院の民政部門に登記され、5年以上、継続して専門的に環境保護公益活動に従事し、かつ名声の良好な全国的規模の社会組織は、人民法院に訴訟を提起することができる、であった。 三審稿は通過しておらず、公開の意見募集も行われていない。	10月22日、自然の友は再び公開書簡を出して、「環境保護法〔改正案草案〕の三審稿の規定と二審稿を比べると、『湯を換えたが薬は換えない』〔の状態〕であると言うべきである。」と問いただした。

| 2014.4 | 再度、修正された環境保護法は、環境公益訴訟を提起できる主体を「法律により、設立した区の市ランク以上の政府の民政部門〔例えば、北京市朝陽区で団体を設立した場合に、朝陽区政府ではなく北京市政府の民政部門という意味と考えられる。〕に登記され、5年以上、継続して専門的に環境保護公益活動に従事し、かつ規則違反【違紀】記録がない」社会組織に拡大した。 | 3月の両会の期間中に、自然の友は、人大代表を通じて、「環境公益訴訟制度を完全なものにすることに関する」提案を提出した。SEE公益机构も政治協商会議に提案を提出した。
4月22日、自然の友は、およそ「法律により登記され、環境保護活動に従事している社会組織」であれば環境公益訴訟の主体となることができる、と再度、呼びかけた。 |

　新《環境保護法》は、2014年4月24日、第十二期全国人民代表大会常務委員会第八回会議において改正され、2015年1月1日から施行されることが決められた。この期間中、自然の友は二つの重要なことを行なった。第一は、司法解釈関連の推進作業を継続したことである。最高法院は2014年10月1日、公式サイトに《最高人民法院による環境民事公益訴訟事件の審理に際して法律を適用するときの若干の問題に関する解釈（意見募集版）》を公表し、社会各界に対して、意見や提案を募集した。その期間は1ヶ月であった。2014年12月8日、最高人民法院審判委員会第1631回会議において、《最高人民法院による環境民事公益訴訟事件の審理に際して法律を適用するときの若干の問題に関する解釈》が可決された。公開意見募集期間内に、自然の友は、関連する環境公益訴訟提起資格に合う環境保護組織、学者及び環境弁護士の参加を募って検討会を開き、「《最高人民法院による環境民事公益訴訟事件の審理に際して法律を適用するときの若干の問題に関する解釈（意見募集版）》に関する詳細な修正提案」を作り上げた[37]。そして、10月30日に11の団体／組織と5名の個人の連署の形で最高人民法院に提出した[38]。その後、正式に制度化されたものとは別の非正式なやり方の研究会や個人的接触といったことを通じて、最高法院との意見交換を続け、一段と推進した。2015年1月22日、自然の友は1通の「中華人民共和国最高人民法院からの感謝書簡」を受け取った。司法解釈に対する意見募集期間中に出された貴重な意見及び提案に対して感謝するものであった。これと同時に、多くの参与団体も最高人民法院の感謝書簡を受け取った。例え

ば、中华环保联合会、中国政法大学污染受害者法律帮助中心等である。
第二は、福建緑家園と共同して、福建南平生態破壊事件の訴訟を提起し
たことである。これは、メディアによって新しい《環境保護法》の効力
が生じた後の民間公益訴訟第一事件とされた。この事件は、2015 年 1
月 4 日に訴訟として受け付けられ、1 月 6 日には、最高法院が、環境民
事公益訴訟司法解釈についての報道関係者への発表会を開いたとき、こ
の事件を例にして、民間環境保護組織が省をまたいで環境民事公益訴訟
を提起する主体としての資格を確認したのである。

　2．3．2　経過の分析

　2010 年 12 月に《環境保護法》改正が全国人大常委会の 2011 年立法作
業計画に組み入れられてから、2014 年 4 月の《中華人民共和国環境保護
法（改正草案）》の通過に至るまで、改正に 4 年近くの歳月が流れてい
る。環境領域の一基本法として、今回の《環境保護法》は、「修正【修正】」
から「修訂【修訂】」へという変転を経験した。「『修正』から『修訂』と
いう一字の違いが、環境保護法改正の思考経路を変えた[39]」。NGO の行
動が中に入ることにより、「善治」の意味が与えられたのである。

　長い間、我が国の環境立法の立法モデルは、政府機関が主導するもの
であり、ある種の事実上の閉鎖性という特徴を有していた。しかしなが
ら、今回の改正過程は、かつての閉鎖的モデルを改め、ある種の相対的
開放性という姿で、多くの利益関係者を組み込んだ。それは特に NGO
の参与であり、一定の意味で、かつての、政府、市場、社会の三者にお
ける社会が「現場にいない」というのを補充したのである。そして、
NGO であるのは、利益関係者の一人として、《環境保護法》の「修正」
から「修訂」へという過程に参与することができ、上から下へと下から
上へという二種類の異なる方へ向かう駆動力があるからである。法律改
正の原動力と重なり合う要因以外にも、その背後の推進力は、政策制定
過程と政策唱導過程の両方から見ることができる。

　先ず、政策制定過程における、内から外へと向かう NGO 内部の駆動
力は、いかにして生じたものなのか。

　《中華人民共和国環境保護法改正案（草案）》についての説明は、次の

ように指摘している。すなわち、「2011年1月、全国人大環資委は環境保護法の改正作業に取り掛かり、蒲海清副主任委員を班長とする改正グループが発足した。環境保護部等、国務院の関係部門と関係の専門家の意見を何回も聞き、4月から9月まで、別々に、湖南、湖北、重慶、福建、江蘇、陝西等の地に赴いて調査研究を行い、さらに、江蘇省徐州市に、各省・自治区・直轄市の人大の環資委、議案を提出する一部の全国人大代表及び全国人大常委会法工委を召集して、環境保護法改正について研究討論を行なった。その上、環境保護計画、環境監視測定、汚染物質排出費用の徴収及び統治の期限設定等の特定の論題について、専門家と部門の座談会を開催した。草案の起草過程において、書面により、全国人大常委会法工委、最高人民法院、中編办〔中央机构编制委员会办公室のこと〕等18の中央機構及び国務院部門並びに31の省・自治区・直轄市の人大に意見を求めた後、さらに研究及び変更を行い、2012年3月には上海で、再度、全国人大五回会議の4件の代表議案筆頭者と地方の意見を聞いた。全国人大環境・資源保護委員会第27回全体会議の審議を経て、再度、修正して、草案を作り上げた。この草案は、2012年8月31日から2012年9月30日まで、公開の意見募集が行われた⁽⁴⁰⁾。」このくだりから私たちは、今回の法改正の内部過程は中央及び地方の異なるランクの国務院各部門、人大関連部門、司法等、多くの関係者に及び、そして部門への意見募集、専門家への諮問、人大の研究討論、実地での調査研究、公開の意見募集等、様々な立法方式に及んでいたことが見てとれる。多くの利益関係者というのは潜在的な立場の多元〔性〕を意味しており、そして多様化した立法方式はすなわち、多元的立場の表明を可能にするのである。

　「今回の改正過程において、ある部門は行政管理体制と職責を増やすという面の要求を出し、ある部門は汚染物質排出許可制度、環境汚染責任保険、環境機能区画等の意見を出した。これらの意見に対して、現行環境保護法では未だ規律対象となっておらず、しかも国務院の関連業務の主管部門の間で意見の食い違いが比較的大きい⁽⁴¹⁾。」政策制定過程内部の多元という言葉の妥協不可能性は、新しい力を引っ張りこむ根本的な

原動力となり、そして公開の意見募集は一つの有効な方法となった。今回の法改正では、2回の公開の意見募集を経験した[42]。それぞれ、全国人大常委会第一次審議の後と第二次審議の後である。「今回の環境保護法改正では、環境保護の基本的制度についての規定を置いた。これらの制度は社会の要求に十分、応えるものであった[43]。」立法手続における各段階において生じた問題や議論は、立法情報の公開というやり方を通じて民衆に伝えられ、一定の情報フィード・バックの仕組みの助けを借りて、法案それ自体に影響を与えている。このことは、立法の民主性を実現する助けとなり、また、立法それ自体の公正性と権威性を強化することができる（宋方青、周剛志，2007）。

　次に、NGO が主導する政策唱導過程の〔NGO〕内部の駆動力は、いかにして生じたものなのか。

　環境領域の基本法として、《環境保護法》は、環境保護といった NGO の行動空間の構築にとって、決定的な役割を果たしている。立法過程に参与することは、「政策決定への参与【決策性参与】」という「政治的活動」であり、NGO の、行動空間に対する需要を起源としている一方で、自身の地位の構築の過程でもある。目下の国家の状況下で、立法に参与するという方式で行動空間を勝ち取ることは、我が国の NGO にとっては実は一つの挑戦であるが、しかし、地位を構築するチャンスでもある。

　自然の友が今回の《環境保護法》改正に参与した動機について、その総幹事は次のように述べている。すなわち、「梁先生〔梁从誠氏のこと〕のときに自然の友が行なった政策分野での唱導活動は、常に発展が続いており、それは現在まで続いています。私の知るところでは、国内の別のNGOで、自然の友のように立法唱導に深く入り込み、それを継続的に行なっているものは少ない。それと同時に、私たちは長い間、人大代表や専門家との関係を築いてきており、そして自然の友は特別に法律唱導部門を設立して、各方面と積極的に好ましい相互影響関係を築いています。環境公益訴訟の唱導について、自然の友は専門家、ニュース・メディア、及び会員相互に呼応しており、しかも人大代表の提案により、私たちの声を広く伝えています。自然の友と環境保護領域のNGOとの

間の相互影響関係と呼応の働きかけ、そして会員の参与があるのです。たとえ（自然の友が）原告になることができなくても、このこと（法律唱導）は必ずややらなければならず、必ずや推進し続けなければなりません。これぞ、自然の友のやるべきことなのです。参与の過程において、皆は徐々にこのことの意味を意識するようになり、同時に、これに参与すること自体が、組織に対して加点することができることなのです。」

　以上のような自然の友の視点に基づく叙述から、私たちは、以下のことを知ることができる。すなわち、第一に、自然の友は政策唱導を団体の使命の一つとみなしている。すなわち、「これぞ、自然の友のやるべきことなのです」。第二に、政策唱導は自然の友の歴史的伝統である。すなわち、「梁先生のときに自然の友が行なった政策分野での唱導活動は、常に発展が続いており、それは現在まで続いています」。第三に、自然の友には政策唱導の能力が備わっている。すなわち、実践の経験、法的専門性、社会的ネットワーク（人大代表、専門家、メディア、会員、NGO 仲間等を含む。）及び唱導結果についての事前の予測【预估】と準備がそれである。第四に、自然の友は信用度に基づく社会的影響力を有しており、この社会的影響力の累積は、通次的でもあり、共時的でもある。これらの四点により形成される合力こそが、自然の友が今回の改正過程に参与した駆動力なのである。

　実際に、NGO が主導する政策唱導過程には、自然の友の他にも同種の行為主体が存在する。例えば、中华环保联合会、SEE 基金会、自然大学等である。しかしながら、政策制定過程の内部の行為主体の多様性と同じように、同属の NGO であっても、差異は極めて大きい（例えば、地位、認識、態度、能力、行為方式、戦術選択等）。このような多様性は、共同行動の過程において協力への呼応が形成される一方で、共同の目標の達成のために、全体で力を合わせるということが消えてしまうリスクを伴っている。

　今回の改正過程において、社会各界の参与度が最も強かった時期は、十二期全国人大常委会第三回会議が改正案草案二次審議稿について審議を行なった頃である（すなわち、2013 年 6 月 26 日頃であり、2013 年 7

月 19 日から 8 月 18 日までの、改正案草案二審稿が社会に公開されて意見募集が行われた時期である。)。二次審議稿は、環境公益訴訟の主体資格について、「中華环保联合会及び省、自治区又は直轄市が設立した环保联合会は、人民法院に訴訟を提起することができる」という規定になっており、この条文は各方面の関心を呼び起こすことになった。

2013 年 6 月 26 日、自然の友は、「現在、審議中の《環境保護法改正案（草案）》の環境公益訴訟条項に関する緊急アピール[44]」を出し、環境公益訴訟の主体資格を緩和することを訴えかけた。そして、(i) 法律原則及び立法基本技術の要求、(ii) 立法行為と司法・行政等の作業との潜在的な衝突、(iii) 公益訴訟主体の類型の限定と公益訴訟の実践との衝突、そして (iv) 公益訴訟の主体資格の限定は「公益訴訟」の立法目的に違反することといった四つの面から、理由をはっきり説明した。2013 年 8 月 13 日、二審稿の公開意見募集期間がまもなく終わろうというとき、自然の友は「《環境保護法改正案（草案）二次審議稿》に関する意見[45]」を提出した。併せて、これに添付して、「自然の友による《中華人民共和国環境保護法》に対する具体的改正提案対照表」を提出し、「公民の環境権の規定の追加」、「公益訴訟条項の修正意見」、「環境アセスメント制度の完全化」、「固体廃棄物回収体制の確立」、「社会環境監督員制度の設立」、「公表プラットフォームを統一的に設立し、企業監視情報を公表すること」という六つの面からの意見を提出した。環境公益訴訟の主体については、自然の友は、2 種類の主体、すなわち、訴えの内容が「侵害の停止、妨害の排除、危険の除去」である「損害を止める訴え【止損之訴】」の主体と、訴えの内容が「環境の修復、環境損害の賠償」である「救済の訴え【救済之訴】」の主体を提出した。前者は、《民事訴訟法》における「関連組織【有関組織】」（民間環境保護組織も含まれる。）を指し、後者は、環境保護行政の主管部門又は関連部門を指す。

同じ日、別の環境保護組織である自然大学が、「誰でも公益訴訟を提起する権利を持っている――全国民間環境保護人士の公開書簡[46]」により、連名の署名を始めた（略して「連署【联署】」）。そして、二審稿の公開意見募集の期間に、360 人、112 の環境保護組織の連名・連署による

公開書簡を全国人大常委会に手渡した。この連署による公開書簡は、「誰でも環境公益訴訟を提起する権利を持っている。誰でも裁判所に行き、見舞われた環境災禍を探り求め、その事件を起こした者と向かい合って対質することができる。誰でも裁判所に行き、告発をすることができ、環境を汚染した者及び生態を破壊した者に平静でいさせてはならない。誰でも法律により、一回一回の環境将棋を始めて、政府の環境統治能力を高めるよう推進し、企業が生産の全過程における環境に対する態度を改善するよう推進することができる。」としていた。〔そして〕「このとき、我々の環境保護の法律が『全国の民衆』を狭く『中华环保联合会』と定義したことは、民衆に対する最大の侮辱であり、民衆をさげすんでいることになる。このとき、民衆の環境保護への熱意を、『一つの針穴』しか通ることができないというぐらいにまで押しつけているのであり、これは民衆の環境保護意識に対する最大の攻撃であり迫害である。」と考えていた。そして、環境公益訴訟の主体資格を限定している条項を、「環境を汚染する行為、生態を破壊する行為、社会公共の利益を害する行為に対しては、中華人民共和国の公民の誰であれ、中華人民共和国の自然人と法人の誰であれ、人民法院に訴訟を提起することができる。人民法院は直ちに受理し、公正に裁判しなければならない。」に変更するよう建案していた。

　以上の自然の友の緊急アピール及び意見書簡並びに自然大学の連署書簡の文言から、私たちは、その二つの団体の異なるスタイルを見出すことは容易である。しかし、重要なスタッフへのインタビューでの発言はその差異性を一層、鮮明で具体的にする。自然の友の法律と政策唱導部門の主管は、参与の過程を次のように語っている。すなわち、「私たちはネットで意見書簡を緊急発表しました。関係する内容をメディアにも送りました。メディアの反響は強烈で、露出率が高い。ある学者は二審稿についての研究会を開催し、私たちも発言をしに行って私たちの態度について述べました。それから、メディアはそれらを発表しました。それと同時に、人民代表大会の代表に連絡して、私たちの意見を伝えました。二審稿は、公開意見募集の後、私たちはいろいろな方法で推進しま

した。例えば、新浪のミニ・インタビューを展開し、社会の各分野の方々と一緒に修正意見について討論して、最後には二審稿の修正意見を作り上げて全国人民代表大会常務委員会法律工作委員会に手渡しました」と。自然大学の総責任者は、参与の過程に話が及んだとき、「私たちは4回の連署をしました。2013年6月の連署が初めてで、私たちは、誰でも公益訴訟を提起する権利を持っているという意見を出しました。あの日の午前、自分たちのウェブ・サイトと伝播プラットフォームで連署を発起すると、すぐに百あまりの団体が賛同してくれました」と述べている。そして、「私たちは、このことはやらなければならないと思ったからやったのです。事を行うのは正しいとは限りません。それは、正しいということの基準は同じではありませんから。しかし、立場がはっきりしていて、自分のスタイルを持っていることが必要なのです」と強調した。

　私たちの見るところでは、まさに、このような行為主体の差異性こそが有効な相互補完と呼応を形成し、そして、力を合わせた方式で唱導の過程を推進した。ところが、この差異性が合力を形成できないとき、それが政策唱導にもたらすのは解消力であって、過程中のプラスの内的駆動力の形成にリスクを生じさせる。まさに自然の友の総幹事が観察、分析したように、「民間からの多くの矛先は中華環保聯合会を向いています。なぜならそこは政府がバックにいるからです。実は、長い間、そこは環境公益訴訟の事件と推進について多くのことをやってきましたが、しかし、草の根組織はそこの身分にずっと疑問を表してきました。もちろん、政府がバックにいるNGOとして、様々な資源を得る優位性があり、草の根組織はそこの資源独占に対してとても不満を持っていました。これは理解できることです。しかしながら、この大切なときに、依然として矛先をそこに向けるのは、事実上、民間の力を分裂させることであり、焦点をそこがうまくできなかったことに置くことは、戦術ではなくて、一種の不愉快な気持ちの発散なのです。」

　《環境保護法》への参与過程を回顧するとき、非常に指摘しておく価値のある点がまだあり、それはすなわち、法律ができた後の後続的推進

である。いわゆる後続的推進というのは、立法後の関係する司法解釈を含むだけではなく、福建南平生態破壊事件の訴訟提起のような関係する実践も含んでいる。《環境保護法》改正唱導の大騒ぎとは異なり、最高法院が環境民事公益訴訟司法解釈を作っている過程はずっと寂しく見える。しかしながら、自然の友を代表とする一部の環境保護組織はその前の唱導行動を司法解釈の制定過程に引きついだ。この事実によって、この後続的推進は法律を改正する過程における参与と同じ重要性を持っていること、さらには規範を具体的に操作する段階ですら環境保護組織の後続的推進の意義は大きいことを体現していることが証明されたのである。

3．環境政策唱導のための汎用指針

3.1　環境政策唱導過程における利害関係者の関係図

3.2 環境政策唱導のための一般的な手順の指導図

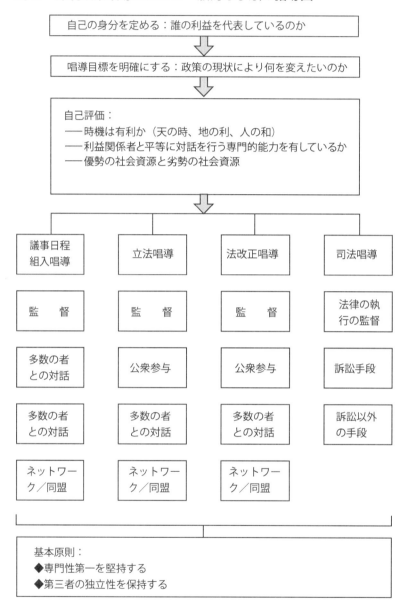

自己の身分を定める：誰の利益を代表しているのか

唱導目標を明確にする：政策の現状により何を変えたいのか

自己評価：
―― 時機は有利か（天の時、地の利、人の和）
―― 利益関係者と平等に対話を行う専門的能力を有しているか
―― 優勢の社会資源と劣勢の社会資源

議事日程組入唱導	立法唱導	法改正唱導	司法唱導
監　督	監　督	監　督	法律の執行の監督
多数の者との対話	公衆参与	公衆参与	訴訟手段
多数の者との対話	多数の者との対話	多数の者との対話	訴訟以外の手段
ネットワーク／同盟	ネットワーク／同盟	ネットワーク／同盟	

基本原則：
◆専門性第一を堅持する
◆第三者の独立性を保持する

(1) Diamond. L, 1999, Developing Democracy: Toward Consolidation. Baltimore, MD: Johns Hopkins University Press, p. 221.

(2) Diamond. L, 1999, Developing Democracy: Toward Consolidation. Baltimore, MD: Johns Hopkins University Press, p. 221. Diamond identifies six types of activities that NGOs may engage in: 1. To express their interests, passions, and ideas; 2. To exchange information; 3. To achieve collective goals; 4. To make demands on the state; 5. To improve the structure and functioning of the state; 6. To hold state officials accountable. Diamond argues that the more civil society organizations engage in activities further down the list, the more they can contribute to the development of civic community and democratization.

(3) 王绍光，中国公共政策议程设置的模式，《中国社会科学》，2006年第5期，第86-99页。

(4) 吴湘玲、王志华，我国环保NGO政策议程参与机制分析 —— 基于多源流分析框架的视角，《中南大学学报（社会科学版）》，第17卷第5期，2011年10月，第29-34页。

(5) 宋方青，地方立法中公众参与的困境与出路，《法学》，2009年第12期，第28-31页。

(6) 代水平，立法公众参与困境的解决——以埃莉诺·奥斯特罗姆的集体行动理论为视角，《西北大学学报（哲学社会科学版）》，2013年1月，第43卷第1期，第49-52页。

(7) 杨添翼、宋宗宇、徐信贵，论生态危机视阈下的环境立法公众参与，《生态经济》，总263期，2013年第2期，第161-164页。

(8) 王名，走向公民社会——我国社会组织发展的历史及趋势，《吉林大学社会科学学报》，第49卷第3期，2009年5月，第5-12页。

(9) 郇庆治，环境非政府组织与政府的关系：以自然之友为例，《江海学刊》，2008年第02期，第130-136页。

(10) 杨晓光、丛玉飞，低碳经济下我国草根环境NGO与政府协同关系构建，《当代经济研究》，2010年第11期，第52-55页。

(11) 黄爱宝、陈万明，生态型政府构建与生态NGO发展的互动关系，《探索》，2007年第01期，第57-61页。

(12) 康晓光、韩恒，分类控制：当前中国大陆国家与社会关系研究，《社会学研究》，2006年第06期，第73-89页。

(13) 范明林，非政府组织与政府的互动关系——基于法团主义和市民社会视角的比较个案研究，《社会学研究》，2010年第3期，第159-176页。

(14) 世界銀行は1989年の報告の中で初めて「統治の危機」という語を用いて当時のアフリカの情勢を説明し、その後、《統治と発展》を1992年の年度報告のタイトルとした。1992年、ブトロス・ブトロス＝ガーリBoutros Boutros-Ghali国連事務総長が全力で支援して、「グローバル統治委員会」が発足した。その委員会は1995年に《私たちのグローバル・パートナーシップ》という報告を発表し、「統治」という言葉に対して、境界を定めた。そして、《グローバル統治》という雑誌も出版された。「統治」という理念が発展するにつれて、世界銀行を代表とする国際組織は、統治を用いて評価する多種の分析ツールを開発した。例えば、World Governance Index(WGI), The Governance Analytical Framework(GAF)等である。

(15) 俞可平が2000年に出版した《治理与善治》（社会科学文献出版社）という書は、今のとこ

ろ、私たちが知っている、「統治」という理念を正式に中国に導入した最も早い著作である。

(16) 習近平【习近平】総書記は、2013年12月31日の談話の中で「国家統治体系は共産党の指導の下に国家を管理する制度体系であって、経済、政治、文化、社会、生態文明及び共産党の建設といった各分野の体制構造や法律法規の段取りを含むものであり、言ってみれば、緊密につながり、相互にバランスのとれたひと揃いの国家制度である」と指摘している。习近平、《思想を党の第十八届三中全会の主旨に現実的に統一する【切实把思想统一到党的十八届三中全会精神上来】》、《人民日報》2014年1月1日02版からの引用。

(17) 包刚升、国家治理与政治学实证研究、《学术月刊》、第46卷、2014年7月07期、第5-8頁。

(18) 丁志刚、如何理解国家治理与国家治理体系、《学术界》、总第189期、2014年2月、第65-72頁。

(19) 郑言、李猛、推进国家治理体系与国家治理能力现代化、《吉林大学社会科学学报》、第54卷第2期、2014年3月。

(20) 2012年の南開大学の赵伯艳の《社会組織が公共的衝突を統治するときの働きに関する研究【社会组织在公共冲突治理中的作用研究】》という博士学位論文は、社会組織が社会の公共的衝突を統治するときに二種類の役割、すなわち弁護型第三者と中立型第三者を担うことを提示している。それと同時に、社会組織が公共的衝突の統治に参与する際に必要な自己についての条件と外的環境について分析を行なっている。2014年のアモイ【厦门】大学の郑曾の《環境統治における草の根環境保護民間組織と政府との関係の研究【环境治理中草根环保民间组织与政府关系研究】》という修士学位論文は、アモイ緑十字を特別の例として、政府と草の根環境保護民間組織との関係に影響する三大マクロ的要因、すなわち、環境政治生態、草の根環境保護民間組織に対する政府の管理政策及び草の根環境保護民間組織自身の段階的な特徴を提示している。

(21) 周巍は、我が国のNGOが公共政策に参与する主な手段を以下の12種類に帰納している。すなわち、1. 関連情報の提供と政策提言、2. 民間の交流、3. 直接代表、4. 行政復議及び訴訟の提起、5. 公聴会への参加、6. 学術交流会の開催、7. 逐次刊行物、雑誌、新聞の出版、8. 合同遊説、9. 連携行動を組織すること、10.マスメディアの助けを借りること、11. 国際勢力の助けを借りること、12. 抗議活動である。周巍、湘潭大学硕士论文〔修士論文のこと〕、《中国非政府组织政策参与的困境及对策研究》、2006年参照。

(22) 王名、徐宇珊、中国民间组织的"2003现象"、《学海》、2004年04期、第39-42頁。

(23) 周巍、湘潭大学硕士论文、《中国非政府组织政策参与的困境及对策研究》、2006年によれば、我が国のNGOが公共政策に参与する手段は、主として、以下の12種類がある。すなわち、1. 関連情報の提供と政策提言、2. 民間の交流、3. 直接代表、4. 行政再議及び訴訟の提起、5. 公聴会への参加、6. 学術交流会の開催、7. 逐次刊行物、雑誌、新聞の出版、8. 合同遊説、9. 連携行動を組織すること、10. マスメディアの助けを借りること、11. 国際勢力の助けを借りること、12. 抗議活動である。

(24) 郇庆治、环境非政府组织与政府的关系：以自然之友为例、《江海学刊》、2008年第02期、第130-136頁。

(25) 贾西津は、中国公民が唱導型NGOを仲介として政策・法律に影響を与える政策選択への参

与には三つの特徴があることを提議している。すなわち、第一に、唱導行動は特定の政策領域で発生し、中国のNGOが最も活発に唱導行動を行なっているのは環境保護領域に集中している。第二に、NGOによる唱導は、その公民に権利を与える機能を実現したが、それが代表しているグループ及び社会階層の利益及び構造性によって導かれているという点で一致している。第三に、NGOと政府との間の対話に制度化された手段が出現したものの、全体的に言えば、これらの制度化された参与方法とNGOが実行している公民に権利を与えるという目標は、完全に符合するに至っていない。Jia Xijin, 2007, An Analysis of NGO Avenues for Civil Participation in China, SOCIAL SCIENCES IN CHINA, Summer 2007, p. 137-146参照。

(26)　吴湘玲、王志华，我国环保NGO政策议程参与机制分析——基于多源流分析框架的视角，《中南大学学报（社会科学版）》，第17卷第5期，2011年10月，第29-34页。

(27)　Xueyong Zhan, Shui-yan Tang, 2013, Political Opportunities, Resource Constraints and Policy Advocacy of Environmental NGOs in China, Public Administration Vol. 91, No. 2, 2013(381-399).

(28)　Xueyong Zhan, Shui-yan Tang, 2013, Political Opportunities, Resource Constraints and Policy Advocacy of Environmental NGOs in China, Public Administration Vol. 91, No. 2, 2013(381-399).

(29)　王名，走向公民社会——我国社会组织发展的历史及趋势，《吉林大学社会科学学报》，2009年5月，第49卷第3期，第5-12页。

(30)　中国社会科学院法学所研究員の常紀文の解するところによれば、新《環境保護法》の環境公益訴訟を定めた規定は、国家の環境統治構造は今まさに変化しており、伝統的な環境統治構造においては二つの役柄——政府と企業があるだけで、しかも両者の関係は曖昧であるのに対して、新《環境保護法》は第三者——公民が参与する能力を強めたということを示すものである。《凤凰周刊》2015年第3期总第532期《新环保法难解大陆环境维权困境》より抜粋。

(31)　访谈编号FONGF20150108BJ。

(32)　访谈编号FONGF20150108BJ。

(33)　吴湘玲、王志华，我国环保NGO政策议程参与机制分析——基于多源流分析框架的视角，《中南大学学报（社会科学版）》，第17卷第5期，2011年10月，第29-34页。

(34)　邓伟志、陆春平，合作主义模式下民间组织的培育与发展，《南京社会科学》，2006年第11期，第126-130页。

(35)　一人当たりの水資源量では、北京は全国の1割にも及ばず、南水北調〔中国の二大プロジェクトの一つで、南部の水を北部にまわすプロジェクト〕では首都北京の水不足の現状は解決し難い。http://bj.people.com.cn/n/2014/0121/c82837-20442646.html。

(36)　胡勘平、当時は、環境保護部公報編集部主任、環境保護雑誌社副編集長兼任、現在は、中国生態文明促進会綜合所主任、研究員、自然の友のベテラン会員。

(37)　自然之友，关于环境民事公益诉讼司法解释制定的建议，http://www.fon.org.cn/index.php/index/post/id/2285。

(38)　2015年1月22日、自然の友は1通の「中華人民共和国最高人民法院からの感謝書簡」を受け取った。司法解釈に対する意見募集期間中に出された貴重な意見及び提案に対して感謝する

ものであった。参見：自然之友，这封感谢信是中华人民共和国最高人民法院写给你的，http://
www.fon.org.cn/index.php/index/post/id/2469。これと同時に、多くの参与団体も最高人民
法院の感謝書簡を受け取った。例えば、中华环保联合会、中国政法大学污染受害者法律帮助中
心等である。

(39) 吕忠梅，全国人大代表，中国人大网，从修正到修订：环保法历经四审精雕细琢显民意，
http://www.npc.gov.cn/huiyi/lfzt/hjbhfxzaca/2014-04/25/content_1861318.htm。

(40) 中国人大网，关于《中华人民共和国环境保护法修正案（草案）》的说明，http://www.npc.
gov.cn/huiyi/lfzt/hjbhfxzaca/2012-08/31/content_1735795.htm。

(41) 中国人大网，关于《中华人民共和国环境保护法修正案（草案）》的说明，http://www.npc.
gov.cn/huiyi/lfzt/hjbhfxzaca/2012-08/31/content_1735795.htm。

(42) 第一回公開意見募集の期間は、2012年8月31日から2012年9月30日までで、すべて合わ
せて9,572人から11,748件の意見が出された。第二回は、2013年7月19日から2013年8月18
日までで、すべて合わせて822人から2,434件の意見が出された。

(43) 信春鹰，全国人大常委会法工委副主任，中国人大网，环保法25年首次大修，http://www.
npc.gov.cn/huiyi/lfzt/hjbhfxzaca/2014-04/25/content_1861322.htm。

(44) 自然之友，http://www.fon.org.cn/index.php/index/post/id/1441。

(45) 自然之友，http://www.fon.org.cn/index.php/index/post/id/1577。

(46) 环境援助，http://www.nu.ngo.cn/shsj/1027.html。

第2章　中国における環境公益訴訟の道程とその典型的事例の分析
──『自然の友』による環境公益訴訟の実践を例として──

葛　　楓

矢沢久純 訳

要　旨：中国共産党の十九大報告は、最も厳格な生態環境保護制度を実施して、グリーンな発展方式及び生活方式を作り上げなければならない、と指摘している。政府が導き手となり、企業が主体となり、社会組織と民衆【公衆】が共同して参与する環境統治【治理】体制を構築するのである。本稿では、我が国の環境公益訴訟制度の発展過程を振り返り、理論的研究、個別事案の探究、立法の推進、全国的拡大という四つの段階を経てきていることを示した。社会組織である「自然の友」が提起した大気汚染、水質汚濁、土壌汚染といった環境公益訴訟の典型的事例の分析を通して、社会組織が環境公益訴訟の立法と実践において果たす作用を軽視してはならないことを論じた。

キーワード：環境公益訴訟、社会組織、自然の友

　2015 年、我が国は、立法レベルでは基本的に環境公益訴訟制度を確立した。《民事訴訟法【民事诉讼法】》、《環境保護法【环境保护法】》及び《最高人民法院による環境民事公益訴訟事件に適用する法律の若干の問題についての解釈【最高人民法院关于审理环境民事公益诉讼案件适用法律若干问题的解释】》の中で、比較的詳細に環境公益訴訟制度が規定された。2015 年 7 月、全国人民代表大会常務委員会は、検察機関に対し、試行地区において環境公益訴訟の実践を探る権限を与えた。その直後に、最高人民検察院は、《検察機関が提起する公益訴訟の試行規則案

【检察机关提起公益诉讼试点方案】》を公布し、検察機関は、全国の試行地区において環境公益訴訟の実践を推し進めることを探り始める。環境公益訴訟の実践は、二つの大きな種類に分けることができる。すなわち、第一は社会組織が推し進めた環境公益訴訟の実践であり、第二は検察機関が探った環境公益訴訟の実践である。本稿では、社会組織が推し進めた環境公益訴訟の実践を重点的に分析する。

一　我が国の環境公益訴訟制度の道のり

　環境公益訴訟制度は、環境立法体系を完全なものとし、行政による法執行の監督を強化し、全社会の遵法意識を高めるといった面において、重要な働きを有している。我が国の環境公益訴訟制度の発展は、理論的研究、個別事案の探究、立法の推進、全国的拡大という四つの段階を経てきている。

(一) 理論的研究が主で、個別事案の探究と立法の呼びかけが補であった段階：2007 年以前

　2007 年以前、環境法学界は、環境公益訴訟制度について多くの研究を行なってきた。制度の構築に際しては、主としてアメリカのクラス・アクション制度を参考とした。地方において、環境公益訴訟の個別事案の実践を開始した。1995 年から 2007 年まで、環境公益訴訟の個別事件の数は、平均して年２件に達しておらず、その中では、海洋漁業の関係部門が原告となって提起した海洋油横溢汚染損害賠償〔請求〕訴訟が主たるものであった。2005 年、環境が日増しに悪化するという現状に直面して、「自然の友」は、民間環境保護組織として環境保護活動を推進することの無力さを強く感じ、それがために、創始者にして会長であり、全国政協委員であった梁従誠先生は、「早急に十全な環境保護公益訴訟制度を確立すべきである」との提案書を提出して、我が国が環境公益訴訟制度についての立法を行い、以て環境保護組織が法律という手段を通じて環境を保護することができるようになることを期すよう訴えかけた。

（二）個別事案の探究の段階：2008 年から 2012 年まで

　2008 年から 2012 年まで、中華環保聯合会、貴陽公衆環境教育中心、「自然の友」といった環境保護組織は、公益訴訟の個別事案の実践の探究を開始した。2008 年の公益訴訟の個別事件の数は 5 件に達し、2012 年にはさらに増えて 14 件になった。

　「自然の友」が最初の公益訴訟を提起したのは 2011 年のことであった。2011 年 8 月、雲南曲靖陸良化工クロム塩廠は、危険な廃物であるクロム屑を違法に貯水池のわきや山林に廃棄し、微博〔＝中国におけるSNS〕、メディアによって暴露された。即座に「自然の友」はその状況を把握した後、直ちに現場調査に赴いて、先の違法に廃棄したクロム屑の他にも、珠江の水源である南盤江のほとりに数十万トンものクロム屑が積み上げられているのを発見した。状況を確かめたので、「自然の友」は 9 月に、他の環境保護組織である「重慶緑色志願者聯合会」と連携して、公益訴訟を共同で提起した。後に、曲靖市環境保護局も共同原告として訴訟に参加した。10 月、曲靖市中級人民法院はこの訴えを受理した。

　この実践は、環境公益訴訟制度は法律上、どう構成するのかという問題のために、豊富で、分析可能な事例を提供した。その後の《民事訴訟法》及び《環境保護法》の改正の際、環境公益訴訟の主体資格が論争点となった。曲靖事件は典型的な事例となり、さらに広い範囲の環境保護組織が環境公益訴訟の原告となることができ、むしろ公益訴訟主体の資格をあまりにも厳格に制限してはならないということを物語っていた。

（三）全国立法の段階：2012 年から 2014 年まで

1．《民事訴訟法》改正

　2012 年の《民事訴訟法》改正のとき、民事公益訴訟制度をいかに規定するかが論争点となった。改正草案は、公益訴訟を提起できる主体を「法律が規定する機関、関係社会団体」としていた。当時、「自然の友」と重慶グリーン・ボランティア聯合会等は、公開書簡を全国人大常委会に送り、「公益訴訟の条項を再度、設計して、原告となる主体の範囲の表現を『関係社会組織、国家機関』と改めるか、あるいは公益訴訟の規定全

体を取りやめ、原則性の宣言をするだけにして、環境司法改革の試行で得られた貴重な探究成果を保持するかである。」と訴えかけた。

《慈善法》、《社会団体登記管理条例》、《基金会管理条例》及び《民営非企業単位登記管理暫行条例》に基づき、我が国の非営利社会組織は、社会団体【社会団体】、社会役務団体【社会服務機構】(《慈善法》施行前は「民営非企業【民办非企业】」と呼ばれていた。)⁽¹⁾、基金会【基金会】という３種類に分けられる。環境保護という公益に従事する登記済民間組織の絶対多数は、社会役務団体である。現行の《社会団体登記管理条例》によれば、社会団体の登記には、政府が主管する団体を探すという困難に直面する他に、やはり、同区域・同業種では新たな登記ができないという制限に直面するであろう。多くの地方において、政府部門が主宰する、行政色の比較的濃い地方環境保護協会があるため、実際には、自発的環境保護組織で登記ができて社会団体となるものは、極めて少ないのである。2012 年より前は、各地の環境保護分野における戦力を活発化させたものの多くは、民間で自発的に設立された民営非企業であった。貴陽市及び雲南省の司法実践において、民営非企業によって提起された環境公益訴訟が受理されたのであった。

上記規定の中の社会団体の範囲について異なる認識があるということを考慮して、法律委員会は、この条の中の「関係社会団体」を「関係組織」と改めることを提案した。どのような組織であっても公益訴訟を提起するのに適している。——このことは、関係する法律を制定する際にさらに明確に規定することができ、司法の実践の中でも徐々に探究していくことができる。新たに可決された《民事訴訟法》第 55 条は、「環境を汚染したり、多くの消費者の合法的権益を侵害する等、社会公共の利益を害する行為に対しては、法律が定める機関及び関係組織は、人民法院に訴訟を提起することができる。」と定めた。これは、全国性のある立法において環境民事公益訴訟制度を確立したということを示している。

２．《環境保護法》改正

2012 年から 2014 年までに、《環境保護法》改正案は、全国人大常委会の４回の審議を経て、可決された。この改正は、我が国の環境法治の推

進にとって、歴史的意義がある。「自然の友」は、この法律の改正作業に強い関心を持って、改正過程全体に関わっていた。研究会を開いたり、立法意見を手渡したり、全国人大代表及び政協委員を探して両会提案を提出したりする等、様々なやり方で、この法律の公益訴訟制度をどのように構築するかという問題のために、建言し、提案してきた。

　2013年6月26日、《環境保護法》改正草案第二次審議稿では、次のように規定していた。すなわち、「環境を汚染したり、生態を破壊して、社会公共の利益を害する行為に対しては、中華環保聯合会及び省、自治区又は直轄市が設立した環保聯合会は、人民法院に訴訟を提起することができる。」この規定は、社会の激しい論争を惹き起こした。「自然の友」は全国人大常委会に、この立法提案は、「理論上、根拠なく、立法上、科学的でなく、実践において使い難く、社会的影響において後退しており、この立法提案を採用することには強く反対である。」という書簡を送った。他の民間環境保護組織である「自然大学」は、「誰でも公益訴訟を提起する権利を持っている」という連名の署名を始めた。メディア界の反響は強烈であった。《環境保護法》改正を審議していた全国人大常委会会議閉幕式において、張徳江委員長は、その講話の中で、特に《環境保護法》改正に触れ、「多くの意見を広く聞き、積極的に社会の関心に応え、時間と労力をかけて環境保護法改正を完全にやり遂げる」と述べている。この会の後、《環境保護法》〔改正案〕は再び社会に向けて公開意見募集がなされた。

　2013年10月、《環境保護法》改正草案第三次審議稿では、環境公益訴訟制度についての改正案は以下の通りであった。「環境を汚染したり、生態を破壊して、社会公共の利益を害する行為に対しては、法律により国務院の民政部門に登記され、5年以上、継続して専門的に環境保護公益活動に従事し、かつ名声の良好な全国的規模の社会組織は、人民法院に訴訟を提起することができる。」「自然の友」は再度、立法機構に書簡を送った。すなわち、環境公益訴訟の主体の限定は依然として厳格過ぎると考える、と。関係する記者が調べたところによると、環境保護公益訴訟主体の要件を充たすことのできる環境保護組織は、主として、中華

環保聯合会総会、中国環境科学学会、中国環保産業協会、中国生態文明研究・促進会といった、「中」の字が頭に付くいくつかの全国的規模の社会団体があるだけであった。この立法提案はあらゆる地方の社会組織をその外に排除しており、明らかに、合理的な根拠に欠けている。環境問題は地域性を有し、当該地の環境問題は当該地の人の環境権益に大きく関わっており、当該地の環境保護組織は環境公益訴訟主体から外されるべきでない。

　環境公益訴訟制度の立法の全過程においては、終始、「厳しくして狭める」と「緩めて拡げる」という全く正反対の声が響いていた。環境公益訴訟についての立法が行われる前に、司法実践はすでに探究を始めており、環境公益訴訟の資格について「緩めて拡げる」という態度をとっていた。環境公益訴訟の原告として、検察院や環境保護組織だけでなく、個人の場合すらあった[2]。

　2014 年〔3 月〕の両会期間中に、「自然の友」は、《環境公益訴訟制度を完全なものにすることに関する提案》を起草し、人大代表を通じて手渡した。そこでは、環境公益訴訟の主体資格はできる限り拡げるべきであり、一層多くの社会的勢力が司法的手段によって環境保護の法律の執行を監督することができるようにすべきである、と訴えた。

　2014 年 4 月、《環境保護法》の第四次審議稿が通過した。その環境公益訴訟条項は、第二次審議稿や第三次審議稿と比べると、環境公益訴訟の主体資格を緩和していた。

（四）公益訴訟の個別事件の実践を全国的に推し進める段階：2014 年暮れから今日まで

　新《環境保護法》は 2015 年 1 月 1 日に効力が生じたわけだが、このことは、環境公益訴訟の個別事件が法により全国で展開され得るということを意味している。「自然の友」の統計によれば、2015 年、全国で、九つの環境保護組織が提起し、かつ裁判所によって受理された環境公益訴訟事件は、37 件あった。2016 年には、全国で、14 の環境保護組織が提起し、かつ裁判所によって受理された環境公益訴訟事件は、59 件あった。参加する環境保護組織も個別事件の数も、2016 年は前年と比べ

て、大幅に増加している。

　環境保護組織の他に、2015 年 7 月、全国人民代表大会常務委員会は、検察機関に対し、試行地区において環境公益訴訟の実践を探究する権限を与えた。2017 年 6 月には《民事訴訟法》が改正され、第 55 条に次のような項が追加された。すなわち、「人民検察院が、その職責を履行する際に、生態環境の破壊、並びに資源保護及び食品及び薬品の安全の領域で多くの消費者の合法的権益を侵害する等、社会公共の利益を害する行為を発見した場合において、前項に規定する機関及び組織が存在しないとき又は前項に規定する機関及び組織が訴訟を提起しないときは、人民法院に訴訟を提起することができる。前項に規定する機関又は組織が訴訟を提起したときは、人民検察院はその訴訟提起を支持することができる。

　同時に、《行政訴訟法》も改正され、その第 25 条に次のような項が追加された。すなわち、「人民検察院が、その職責を履行する際に、生態環境、資源保護、食品及び薬品の安全、国有財産の保護、並びに国有土地使用権の譲渡等の領域で監督又は管理の職責を負う行政機関が違法に職権を行使し、又は行使しなかったことにより、国家の利益又は社会公共の利益が侵害されるのを発見したときは、行政機関に対し、検察の意見を提出し、行政機関が法により職責を履行するよう督促しなければならない。行政機関が法により職責を履行しないときは、人民検察院は、法により人民法院に訴訟を提起することができる。」これは、人民検察院が法により環境公益訴訟の重要な提訴主体の一となったことを意味している。

表 1　2016 年に社会組織が提起し、かつ立案された環境公益訴訟事件の一覧表

番号	事 件 名	場所	類型	事件の進展
1	中国生物多様性保護与緑色発展基金会が湖北宜化化工股份有限公司らを訴えた環境汚染責任紛争事件	湖北	大気汚染、水質汚濁	和解により解決
2	広東省環境保護基金会が焦某電鍍を訴えた水質汚濁責任環境民事公益訴訟事件	広東	水質汚濁	判決が出され、終結
3	紹興市生態文明促進会が新昌県天和医薬膠嚢有限公司らを訴えた水質汚濁責任紛争環境公益訴訟事件	浙江	水質汚濁	和解により解決

4	河南省企業社会責任促進中心が銅仁市銅鑫汞業有限公司らを訴えた環境汚染責任紛争公益訴訟事件	河南	土壌汚染、水質汚濁、大気汚染	判決が出され、終結
5	中華環保聯合会が陳某某らを訴えた環境民事公益訴訟紛争事件	江蘇	水質汚濁、土壌汚染	判決が出され、終結
6	北京市朝陽区自然之友環境研究所と広東省環境保護基金会が広東省南嶺森林景区管理有限公司らを訴えた生態破壊環境民事公益訴訟事件	広東	生態破壊	和解により解決
7	北京市朝陽区自然之友環境研究所が山東金嶺化工股份有限公司を訴えた環境汚染責任紛争事件	山東	大気汚染	和解により解決
8	鎮江市環境科学学会が陳某らを訴えた環境汚染責任紛争事件	江西	水質汚濁	和解により解決
9	鎮江市環境科学学会が揚中市聯合漁鈎製造有限公司を訴えた環境汚染責任紛争事件	江西	水質汚濁	和解により解決
10	鎮江市環境科学学会が被告呉某某らを訴えた環境汚染責任紛争民事公益訴訟事件	江西	土壌汚染	和解により解決
11	鎮江市環境科学学会が被告張某某らを訴えた環境汚染責任紛争民事公益訴訟事件	江西	生態破壊	和解により解決
12	北京市朝陽区自然之友環境研究所が中国石油天然気股份有限公司吉林石化分公司を訴えた大気汚染事件	吉林	大気汚染	審理中
13	北京市朝陽区自然之友環境研究所が連雲港碱業有限公司を訴えた大気汚染事件	江蘇	大気汚染	審理中
14	北京市朝陽区自然之友環境研究所が現代汽車（中国）投資有限公司を訴えた大気汚染事件	北京	大気汚染	審理中
15	北京市朝陽区自然之友環境研究所が雲南金鼎鋅業有限公司を訴えた環境汚染事件	雲南	水質汚濁、大気汚染、土壌汚染	審理中
16	北京市朝陽区自然之友環境研究所が中電投山西鋁業有限公司を訴えた環境汚染事件	山西	大気汚染、土壌汚染	審理中
17	中国生物多様性保護与緑色発展基金会が河北大光明実業集団嘉晶玻璃有限公司を訴えた大気汚染事件	河北	大気汚染	審理中
18	中国生物多様性保護与緑色発展基金会が中国鋁業股份有限公司らを訴えた地質災害公益訴訟事件	貴州	生態破壊	審理中
19	中国生物多様性保護与緑色発展基金会が山東金誠重油化工有限公司らを訴えた環境汚染事件	山東	土壌汚染、水質汚濁、大気汚染	審理中
20	中国生物多様性保護与緑色発展基金会が秦皇島方圓包装玻璃有限公司を訴えた大気汚染事件	河北	大気汚染	審理中
21	中国生物多様性保護与緑色発展基金会が河南新鄭市薛店鎮花村委会らを訴えた古樹名木環境公益訴訟事件	河南	古樹名木破壊	審理中
22	中国生物多様性保護与緑色発展基金会が北京市朝陽区劉詩昆万象新天幼児園と北京百尚家和商貿有限公司を訴えた「有毒ランニングコース事件【毒跑道案】」	北京	大気汚染	審理中
23	中国生物多様性保護与緑色発展基金会が凱比（北京）制動系統有限公司らを訴えた土壌汚染事件	北京	土壌汚染	審理中
24	中国生物多様性保護与緑色発展基金会が凱比（北京）制動系統有限公司らを訴えた土壌汚染事件	陝西	土壌汚染	審理中
25	中国生物多様性保護与緑色発展基金会らが国網能源哈密煤電有限公司を訴えた生態破壊責任紛争事件	新疆	生態破壊	審理中
26	中国生物多様性保護与緑色発展基金会が広西合浦県白沙鎮独山大海塘石場を訴えた生態破壊事件	広西	水質汚濁、大気汚染、土壌汚染	審理中

27	中国生物多様性保護与緑色発展基金会が合浦県公館鎮紅砂港石場を訴えた生態破壊事件	広西	水質汚濁、大気汚染、土壌汚染	審理中
28	中国生物多様性保護与緑色発展基金会が広西北海市合浦県白沙鎮独山村を訴えた生態破壊事件	広西	水質汚濁、大気汚染、土壌汚染	審理中
29	中国生物多様性保護与緑色発展基金会が揚州邗江騰達化工廠らを訴えた環境汚染事件	江蘇	江蘇水質汚濁、土壌汚染	審理中
30	中国生物多様性保護与緑色発展基金会が深圳市速美環保有限公司らを訴えた大気汚染公益訴訟事件	浙江	大気汚染	審理中
31	中国生物多様性保護与緑色発展基金会が大連建安房屋拆遷有限公司らを訴えた移動不可文化財事件	遼寧	移動不可文化財環境公益訴訟	審理中
32	中国生物多様性保護与緑色発展基金会が周某某らを訴えた移動不可文化財事件	江蘇	移動不可文化財環境公益訴訟	審理中
33	中華環境保護基金会が長島聯凱風電発展有限公司を訴えた生態侵害責任	山東	生態侵害	審理中
34	中華環保聯合会が甘粛隴星錦業有限責任公司を訴えた環境汚染事件	甘粛	水質汚濁	審理中
35	中華環境保護基金会が中国石油天然気股份有限公司大連石化分公司らを訴えた大気汚染責任紛争事件	遼寧	大気汚染	審理中
36	中華環保聯合会が延川県永坪石油貨運車隊らを訴えた環境汚染事件	陝西	水質汚濁、土壌汚染	審理中
37	中華環保聯合会が李××らを訴えた環境汚染事件	江蘇	水質汚濁、土壌汚染	審理中
38	中華環境保護基金会が北京張裕愛斐堡国際酒庄有限公司を訴えた大気汚染責任紛争事件	北京	大気汚染	審理中
39	中華環保聯合会が内蒙古大雁礦業集団有限責任公司熱電廠〔＝火力発電所〕を訴えた大気汚染責任紛争事件	内蒙古	大気汚染	審理中
40	中華環保聯合会が貴州黔桂天能焦化有限責任公司を訴えた大気汚染責任紛争事件	貴州	大気汚染	審理中
41	中華環保聯合会が山西安泰集団股份有限公司焦化廠を訴えた大気汚染責任紛争事件	山西	大気汚染	審理中
42	河南省企業社会責任促進中心が洛陽市吉利区輝鵬養殖専業合作社らを訴えた環境汚染事件	河南	土壌汚染、水質汚濁、大気汚染	審理中
43	安徽省環保聯合会が浙江烏鎮鎮人民政府らを訴えたゴミ不法投棄環境汚染事件	安徽	水質汚濁、土壌汚染	審理中
44	長沙緑色瀟湘環保科普中心が長沙県江背鎮烏川湖村赤霞走馬峡採石場らを訴えた生態破壊責任紛争事件	湖南	生態破壊	審理中
45	河南省環保聯合会が山東省聊城東染化工有限公司を訴えた環境汚染責任紛争事件	河南	水質汚濁、土壌汚染	審理中
46	北京市朝陽区自然之友環境研究所と中華環保聯合会が中国石油天然気股份有限公司らを訴えた環境汚染責任紛争事件	北京	水質汚濁、土壌汚染	審理中
47	北京市朝陽区自然之友環境研究所と中国生物多様性保護与緑色発展基金会が常州黒牡丹建設投資有限公司らを訴えた環境汚染事件	江蘇	大気汚染、土壌汚染	審理中
48	北京市朝陽区自然之友環境研究所と中国生物多様性保護与緑色発展基金会が江蘇常隆化工有限公司らを訴えた環境汚染公益訴訟事件	江蘇	土壌汚染	二審で審理中

49	中華環境保護基金会と中国生物多様性保護与緑色発展基金会が重慶長安汽車股份有限公司を訴えた大気汚染事件	北京	大気汚染	審理中
50	中国生物多様性保護与緑色発展基金会が馬鞍山市玉江機械化工有限公司を訴えた生態破壊事件	馬鞍山	生態破壊	審理中
51	北京市朝陽区自然之友環境研究所が華潤新能源投資有限公司を訴えた鶯掌楸自然保護区破壊事件	貴州	生態破壊	審理中
52	合肥市人民検察院と中国生物多様性保護与緑色発展基金会が合肥偉茂鋁業有限公司を訴えた環境汚染公益訴訟事件	河北	大気汚染、土壌汚染	審理中
53	重慶両江志願服務発展中心が広東世紀青山鎳業ら3企業を訴えた環境公益訴訟事件	広東	生態破壊	審理中
54	北京市朝陽区自然之友環境研究所が怒江州環境保護局の違法な環境行政許可を訴えた公益訴訟事件	雲南	不当な行政行為	審理中
55	北京市朝陽区自然之友環境研究所が怒江州環境保護局の違法な環境行政処罰を訴えた公益訴訟事件	雲南	不当な行政行為	審理中
56	福建緑家園が福州創世紀農業綜合開発有限公司を訴えた生態破壊事件	福建	生態破壊	審理中
57	中国生物多様性保護与緑色発展基金会が山西天脊潞安化工有限公司を訴えた大気汚染公益訴訟事件	山西	大気汚染	審理中
58	重慶両江志願服務発展中心が安徽淮化集団有限公司を訴えた民事公益訴訟事件	安徽	大気汚染	審理中
59	江蘇省環保聯合会と江蘇省政府が徳司達（南京）染料有限公司を訴えた環境民事公益訴訟事件	江蘇	水質汚濁	審理中

二　「自然の友」による典型的公益訴訟事例の分析

　2014年の下半期、「自然の友」は、全国において、環境公益訴訟の個別事件の実践を全面的に繰り広げ始めた。「自然の友」は、2017年11月までで全部で32件の公益訴訟を提起した。内訳は、大気汚染が11件、水質汚濁が6件、土壌汚染が7件、生態破壊が8件であり、その中で立案されているのが25件、結審したのが7件である。

（一）大気汚染公益訴訟

　ここ何年か、大気汚染が我々の「心肺の患い」となっていて、新鮮な空気を吸うことが贅沢品になり、人々の健康が脅かされるに至っている。このため、「自然の友」は、公益訴訟という方法で廃ガス汚染源が基準を超えない排出を推進するよう試みている。

　工業廃ガスが長期にわたって基準を超えていたケースでの公益訴訟事件
　大気汚染の主要な源は工業廃ガスである。工業廃ガスの基準を超えな

い排出を推進するために、「自然の友」は、2016 年、何件かの訴訟を提起した。それらの中には、山東金岭化工有限公司、中石油吉林石化有限公司、連云港碱業有限公司、鞍鋼集団斉大山分公司を訴えた事件等がある。この四つの企業はいずれも、環境保護部によって廃ガスの国家重点統制汚染源に配列されていた──基準を超える廃ガスが一年以上、継続しており、かつ提訴時でもなお基準を超える廃ガスが行われていた。この 4 企業への請求は同じであり、裁判所が侵害の停止、すなわち基準を超えない排出と大気汚染統治費用の賠償をさせる判決を下すことを請求した。現時点では、山東金岭事件は和解で決着し、被告は 300 万の賠償と基準を超えない排出をすることになった。連云港碱業事件は開廷審理がなされ、結果を待っているところである。中石油吉林石化事件は、ちょうど鑑定評価の段階にある。

　ヒュンダイ自動車の排気ガスが基準を超えていたのを訴えた事件
　大気汚染のいま一つの重要な汚染源は、自動車の排気ガスである。2016 年、「自然の友」は調査して発見した。ヒュンダイ自動車が中国に輸入したある型の自動車は、排気ガスの基準を超えていたため、北京市環境保護局によって処罰されていたのである。負うべき環境民事責任を企業に負わせるために、「自然の友」は証拠を集めて環境公益訴訟を提起し、裁判所が排出が基準を超えないようになる前は当該型の自動車の販売を停止し、すでに販売された自動車については回収して修理し、大気汚染統治コスト等の賠償をさせる判決を下すことを請求した。この事件は北京市第四人民法院で開廷審理がなされ、現時点では、審理結果を待っているところである。この事件を通じて、自動車の排気ガスもまた重度の汚染された天気の成因の一であることを人々が意識することができるようになることを望んでいる。そして、各人ができる限り低炭素で出かけ、誠心誠意、行動に移し、身の回りの小さな事をやるということから始めて、環境に対して与える影響を減らすことを訴えたい。

（二）水質汚濁公益訴訟──江蘇省泰州廃酸投棄事件を例として

1．事件の概要

　2011 年から 2013 年まで、泰興市の 6 の化学工業企業が、廃酸を、危険な廃水の処理能力のない皮包公司に委託しており、この会社は、改造した船舶を用いて 2 万トンを超える廃酸をこっそりと長江に投棄し、深刻な汚染を惹き起こした。2014 年 8 月、14 人が環境汚染罪により、2 年から 5 年の有期懲役の刑に処せられた。2014 年 9 月 10 日、泰州市中院は、泰興市環保聯合会が原告となって 6 企業を訴えた環境公益訴訟事件について公開審理を行い、6 企業は合計 1.6 億元余りの環境回復費用を負担せよとの判決が下された。2014 年 10 月、「自然の友」は告発を受け、江蘇省泰興廃酸投棄刑事事件の被告戴某、姚某らはかつて供述しており、上述の 6 企業の他に、泰州市沃愛特化工有限公司、中丹化工、泰興市橡膠化工廠の 3 企業も、戴某らが処理能力のないことをよく知っていながら、生産過程中に発生する廃酸を一定の金額を援助するという形式でその処置に任せていた。そして、如泰運河、古馬干河に投棄されていたのである。

　「自然の友」は、2014 年 11 月 12 日、訴訟を提起した。しかしながら、この事件の立案には、複雑な過程を辿った。2015 年 1 月 15 日、泰州市中級人民法院は、《中華人民共和国民事訴訟法》第 55 条の規定に基づいて、受理しないとの決定を下した。理由は以下の通りであった。すなわち、自然の友は、「専門的に環境保護公益〔活動〕に従事している社会組織ではなく、むしろ環境研究に従事している研究機構であり、提訴者は《中華人民共和国民事訴訟法》が定める関係組織ではないから、従って、本件は環境公益訴訟の受理条件に合致しない。」「自然の友」は、この一審の決定を不服とし、上訴した。2015 年 5 月 15 日、江蘇省高院は、上述のように泰州中院が立案しなかった決定を取り消して、泰州中院は立案受理した。説明を要する点は、本件は改正《環境保護法》が効力を生じる前に提訴されたものであったため、《民事訴訟法》に基づいて訴えを起こすしかなかったということである。2015 年 1 月 1 日に新《環境保護法》が効力を生じて以降は、環境保護組織が提起する公益訴訟の

立案が困難という問題は、かなりの程度、解決された。

　2015 年 10 月、被告の一人である中丹化工は、裁判所に対して 3 被告を分割して審理することを申請したため、一つの事件が三つの事件に分けられた。2015 年 12 月 10 日、泰州中院は、三つの事件の証拠交換を行なった。証拠交換のころに、「自然の友」は、裁判所に対して、関連する証拠を調べる申請書を別々に手渡したところ、裁判所は同意した。2016 年 3 月 16 日、泰州市中院は、第二次証拠交換を行なった。2016 年 3 月 31 日、三つの事件の開廷審理がなされた。

　開廷審理の前、被告の一人である中丹化工は、自発的に和解に応じる用意があるとの意思を表明していた。しかし、原・被告双方の見解の相違は比較的大きかったため、それを継続することができなかったのである。開廷審理の後、中丹化工は再度、自発的に和解を要求し、「自然の友」は、和解により、公益信託の方式を用いて賠償金の管理・使用の問題を解決することを希望した。数回の話し合いを経て、2016 年 8 月 8 日、裁判所の主管の下、和解協議が合意に達し、中丹化工は 100 万元の賠償をして、泰州環保公益金の専用口座に入れることになった。この他に、中丹化工は、自ら進んで長安信託有限責任公司と信託協議を行い、100 万元で公益信託（慈善信託）口座を設立して、江蘇省において特に泰州地区の環境保護公益事業に用いることとなった。この信託は、社会各界の代表によって構成される方針決定委員会を設立させ、そこが資金の使用計画を管理する責任を負う。2017 年 5 月 3 日、この信託の第一回方針決定委員会大会が開かれ、「合一緑学院」がこの信託の共同パートナーとなることを審査し、そしてその計画を許可した。2017 年 5 月 15 日、「合一緑学院」は、プロジェクトの具体的執行パートナーの募集を始めた。

　2016 年 9 月、泰州市中院は、泰州市沃愛特化工有限公司に対し、174.96 万元の賠償を泰州市環保公益金の専用口座に支払うよう命じる判決を下した。

　2016 年 9 月、裁判所は、原告に対して、泰興市橡膠化工廠が排出したのが危険な廃物、すなわち廃酸であるということを証明する証拠がな

く、しかも当該廃液の危険性を証明する証拠がないので、従って原告による訴訟取り下げを提案すると言ってきた。原告である「自然の友」は、多くの専門家に相談したところ、被告が排出した廃液の危険性を証明するすべがなく、しかもその企業は早い段階でその廃液発生を停止していたため、訴訟取り下げを申請し、裁判所はそれを許可すると決定した。

2．本件の意義

第一に、環境保護公益組織が公益訴訟の原告として司法系統によって一般的に承認されるのに時間を要したこと。この事件は、新《環境保護法》が施行される前に訴訟が提起された。立案段階で、立案を許さないとか、上訴して、立案を許すとかの複雑な過程を辿った。そのため、10ヶ月を要してようやく実体的審理手続に入ったのである。この事件の一審判決の中では、裁判所の解するところでは、「自然の友」は研究機構であり、専門的に環境保護公益〔活動〕に従事している社会組織ではないから、従って、環境公益訴訟の主体資格に合わない、とされた。これは、司法系統が環境保護公益組織の理解が非常に有限であることを物語っている。「自然の友」は、我が国で最も早くに発足した、全国的影響を持つ環境保護公益組織であるが、しかし、大部分の裁判所はこれについて疎く、本件一審裁判所に至っては、「北京市朝陽区自然之友環境研究所」という登記名称だけから判断して、環境保護公益組織ではない、とした。現在、我が国の公益組織の発育はなおも完全ではなく、社会統治の中で発揮している働きは比較的、有限である。立法、行政及び司法系統の結びつきは比較的、少なく、司法系統は特にひどい。そのため、司法系統が社会組織を公益訴訟の原告として承認するのに、一つの過程を必要とした。新《環境保護法》が施行された後、「自然の友」が提起した別の事件、すなわち福建南平採礦毀林生態破壊事件は、最高法院によって指導的事例とされている〔これについては、第1章2．3．1で触れた。〕。このことは、司法系統による環境保護公益機構についての認識を高めることの助けとなる。

第二に、公益信託制度を用いて公益訴訟の賠償金を管理することを探究したこと。原告は、被告の一人である中丹化工との和解の話し合いの

際に、慈善信託の方式を用いて賠償金を管理することで一致を見た。そして、裁判所の考えでは、泰州市は環境保護公益金の特定の口座を成立させており、しかも以前の判決の事件の賠償金がすでにその特定の口座に入っているので、従って本件賠償金は当該特定の口座に入るべきであるとする。我々が調べたところによれば、その公益金の特定の口座は使用管理制度が欠けており、しかも後の管理監督の仕組みも不明確である。後に、中丹化工は、賠償金の 100 万をその特定の口座に入れると同時に、自ら進んで 100 万元で公益信託を設定し、江蘇省において特に泰州地区の環境保護公益事業に用いることにした。目下のところ、この探究はうまく進んでいる。

　公益信託で賠償金を管理することの優位性は明らかである。第一に、公益信託は、明確な法的根拠と比較的、完全な法的制度を有しており、我が国の《信託法》は一章分を用いて公益信託について規定している。《慈善法》は慈善信託は公益信託に属することを明確にし、公益信託制度を一段と完全なものにした。審査制【審批制】を報告制【備案制】に改めたことは、公益信託の実践を大いに推進した。第二に、公益信託は厳格な管理制度を有し、特定の口座は資金の独立と安全を保証する。関係する社会各界の代表によって構成される方針決定委員会が方針決定機構として資金の使用を管理し、監査人が資金の使用を監督する法定の権利を持つ。第三に、現有の公益信託制度を用いて、社会資源を動員して、公益信託資金を社会公益の目的に用いることを有効に保障することができる。それ故に、公益信託制度を用いて公益訴訟の賠償金を管理する探究を鼓舞すべきである。

（三）土壌汚染公益訴訟——一連の常州市常隆土地汚染事件を例として

　土壌汚染を予防することは、直接、農産物の質の安全と人々の身体の健康に関わることである。土壌汚染問題は、大気汚染・水質汚濁問題と同様に、社会全体から注目されている。土壌汚染の予防は、重大な環境保護及び人民の生活のプロジェクトとして、国家環境統治体系に組み入れられている。2005 年から 2013 年、我が国が初めて展開した土壌汚染状況の調査結果によって、全国の土壌環境状況の全体は楽観を許さず、

一部の地区の土壌汚染は比較的、重度であることが明らかになった。全国の土壌の全地点の基準超過率は16.1%であり、耕地の基準超過地点は19.4%である。土壌汚染はすでに、早急に解決しなければならない重大な環境問題となっており、全面的な小康社会を建設するに際しての突出した問題となっている。

1．事件の概要

江蘇省常州市にある常隆化工有限公司、常宇化工有限公司及び江蘇華達化工集団有限公司（元・常州市華達化工廠）の3企業の元・工場所在地（「常隆土地」と略称する。）は、26.2万平方メートルの面積を占めていた。3企業はそれぞれ長期にわたって農薬、染料中間体等の有毒化学工業製品を生産しており、しかもその生産過程において危険な廃棄物管理等、環境保護措置が不適切であったため、常隆土地とその周辺の環境に対し、深刻な汚染を惹き起こした。3企業は2010年頃、移転し、そこから離れたが、いずれもその汚染土地の修復を行なっていなかった。

2011年から2013年まで、当地の政府組織が調査を行い、当該土地の土壌及び地下水の汚染が深刻であることを発見し、その土地は修復しないと使用できない状態であった。2015年、修復工事が修復計画の中で要求されている密閉の棚の建設に従っていなかったため、有毒なガスが散布され、深刻な結果を惹き起こした。2015年9月、常州外国語学校は、常隆土地から大通り一本しか離れていない土地に新校舎を建てて引っ越してきたところ、そこの多くの学生が体調が悪くなり、数百人の学生に、検査により皮膚炎、湿疹、気管支炎、血液の指標の異常、白血球の減少等の異常症状が出た。こうして「常州外国語学校汚染事件」が発生し、メディアが広く報道するに至った。

「自然の友」は調査を行い、前後して2件の訴訟を始めた。第一の訴訟は常隆化工ら3化学工業企業を訴えたもので、裁判所に対し、3社に常隆土地を修復する責任を負わせるよう求めた。いま一つは修復会社を訴えたもので、裁判所に対し、修復によって二次汚染を惹き起こしたことの責任を負わせるよう求めた。常隆化工ら3企業を訴えた訴訟は一審で敗訴し、「自然の友」と共同原告である中国緑色発展与生物多様性保

護基金会は、江蘇省高院に控訴した。

２．本件の意義

　土壌汚染の統治と回復の責任主体はいかに規制すべきか。常隆化工等三企業事件の中で、その汚染された土地の統治及び修復の責任主体の確定が問題の焦点であった。原告は、当該汚染土地の統治及び修復の責任主体は汚染を惹き起こした３化学工業企業であると考え、被告は、土地はすでに国に引き渡しており、もはや統治及び修復の責任は負わないと考えていた。ところが、一審裁判所は、これについて裁判せず、政府はまさに修復を組織し、社会公共の利益を守る目的で少しずつ実現しようとしているということを理由に、原告の請求を棄却した。この裁判は、実質的に本件の焦点となっている問題を回避した。ちょうど、《土壌汚染防止法》が制定中のときであった〔2018年８月31日に制定され、2019年１月１日より施行された。〕。環境保護の良性の法秩序を形成する鍵は、汚染者責任負担【汚染者担責】原則を確実に実施することであり、土壌汚染の統治と修復の責任主体と責任負担の仕組みの明確な確定は、その法律の核心的規定内容の一であるべきである。法律の中で明確に責任主体と責任負担の仕組みを確定して初めて、有効に法律主体の行為を規範に合ったものにすることができる。責任主体を明確に確定することは、汚染者負担原則を十分に貫徹することになり、そうして初めて、関連する責任負担方に十分な注意義務を負わせて、必要な予防措置を講じさせ、新たな汚染の発生を防止させることができる。また、そうして初めて、修復と賠償の責任主体を明確にすることができ、「企業が汚し、政府が支払い、庶民が害を受ける」ではなくなるのである。

　国家環境保護部が2016年12月に制定した《汚染土地土壌環境管理方法》第10条は、責任主体について規定し、しかも土壌汚染の統治と修復について明確に終身責任制を実施した。

　土壌汚染の統治と修復の責任主体の規定は、ちょうど制定中の《土壌汚染防止法》の核心的内容の一となるべきである。このため、「自然の友」は、全国人大常委会に《土壌汚染防止法》の立法提案を提出したが、その中で行なった主体の責任規定の提案は、以下の通りである。

「汚染者責任負担」原則により、公共の利益を守る必要と責任追及の可能性を最大限、併せ考慮して、責任主体を明確にする。具体的には、《汚染土地土壌環境管理方法》を参考に、この法律の中で、汚染責任主体の認定を次のように確定することができる。

土壌汚染を惹き起こした団体又は個人は、汚染の調査、リスク評価、リスク管理制御並びに統治及び修復の責任を負わなければならない。土壌汚染を惹き起こした団体に変更が起きたときは、その変更によりその債権・債務を承継した団体が、関係する責任を負う。

土地使用権を法により譲渡するときは、環境調査、リスク評価、リスク管理制御並びに統治及び修復の責任主体は、明確に約定しなければならず、約定した責任者の能力が関係する責任を負うのに十分でないときは、その相手方が補充責任を負う。明確な約定がないときは、土地使用権の譲受人と譲渡人が連帯して責任を負う。

土地使用権が土地備蓄部門による回収等の原因により終了したときは、元の土地使用権者は、当該土地を使用していた期間に惹き起こした土壌汚染につき、関係する責任を負う。土壌汚染の統治と修復については、終身責任制を実施する。

地方人民政府環境保護主管部門は、公共の利益を保護する必要に基づき、汚染された土壌について環境調査、リスク評価、リスク管理制御並びに統治及び修復を行うことができる。地方人民政府は、これらの活動を行う前に、相応の計画を関係する責任主体に告知しなければならず、関係する責任主体は、告知を受けてから1ヶ月内にその計画に対して意見を述べることができ、地方人民政府は、その意見の採用状況について書面により返答しなければならない。地方人民政府が代わって上記の統治行為をなす際に、又はなした後に、関係する責任主体に対し、賠償を請求することができる。

(四) 生態破壊公益訴訟
福建南平採礦毀林生態破壊事件
2015年1月1日、新《環境保護法》が施行された初日、福建省南平市

中級人民法院（以下、「南平中院」と略称する。）は、「自然の友」と福建省緑家園環境友好中心（以下、福建緑家園と略称する。）が謝某ら４人を訴えた生態破壊環境公益訴訟を正式に受理した。これは、環境公益訴訟の新時代の幕開けを示すものである。

　謝某ら４人は、採鉱権審査管理機関による審査を経ず、そして占用林地の許可証を法により取得せずに、山頂から山肌の土を剥がし、鉱石を採掘して、生じた廃石を山の下の方へ廃棄して、林地の元々あった植生【植被】に対し、甚大な破壊を惹き起こした。2015 年 10 月、南平中院は開廷して、次のような判決を言い渡した。すなわち、４被告は判決が効力を発生する日から起算して５ヶ月内に、破壊された 28.33 亩〔１亩＝666.7 ㎡〕の林地の機能を回復せよ、当該林地上に林木を植えて３年間、育て管理せよ、もし指定期限内に林地の植生を回復させることができなかったときは、連帯して生態環境修復費用 110.19 万元を賠償せよ、連帯して、現地の生態修復又は別の地での公共生態修復に用いるための、生態環境が損害を受けてから原状回復するまでの期間の役務機能損害 127 万元を賠償せよ、連帯して原告である「自然の友」と福建緑家園が支出した評価費、弁護士費用等 16.5 万余元を支払え、とされた。一審判決後、被告謝某らは上訴した。二審の福建省高級人民法院は、上訴を却下し、原判決が維持された。

　この事件は、2015 年の指導的事例とされ、その判決には重要な意義がある。第一に、この制度は環境保護組織が異なる地で訴えを起こすことが可能であるということを確定させた。例えば、在北京の環境保護組織である「自然の友」が全国各地で訴えを起こすことが可能なのである。第二に、この判決は、被告は回復の責任を負うよう命じているだけでなく、生態破壊が始まって生態が完全に回復するまでに生じた生態役務機能損害も賠償しなければならないとした。第三に、原告の訴訟費用は被告が負担するとした。

　広東南嶺国家級自然保護区内違法道路工事生態破壊事件
　南嶺国家級自然保護区は乳源ヤオ族自治県と湖南省の境界が接する地

帯に位置し、広東省で最大の面積の国家級自然保護区である。広東省北部の生態の防壁であり、主たる保護対象は中亜熱帯常緑広葉樹及び珍しくて貴重な危険に瀕した野生動植物並びにそれらの生存環境である。2010年10月から、広東南嶺森林景区管理有限公司は、広東南嶺国家級自然保護区の中心地区内の北西部にある老蓬から石坑崆の間で、乱暴に山を爆破し、土を平らにして、道路を補修した。その結果、大量の森林の植生が埋められてしまい、石坑崆の山の姿は大きく破壊された。その後、環境保護ボランティアが反対したため、一時的に工事は停止した。2016年元旦、被告は再度、工事を開始した。「自然の友」は、現地の環境保護組織である「鳥獣虫木」から状況を知らせてもらい、公益訴訟を提起した。裁判所に請求したのは、当該会社は直ちに、南嶺国家級自然保護区の中心地区の老蓬から石坑崆の間の道路敷設を停止すること、生態環境の回復の責任と生態役務機能期間損害を賠償する責任を負うこと、そして省レベル以上のメディアで謝罪することを内容とする判決を下すことであった。

この事件は、2016年末に、裁判所の主管の下、和解協議が成立した。被告が補修した道路は観光等の使用が禁じられ、500万元の違法な道路補修によって惹き起こされた生態破壊を賠償し、もし生態の回復にその額では足りないときは、なお継続して回復費用を負担し、回復の全過程において原告、訴えを支持する団体及び社会の監督を受けることとなった。

この事例は、自然保護区が破壊されるという典型的な事例である。和解により事件が解決したことで、事件の執行には有利であった。目下、この事件は執行過程にあり、違法に補修した道路は、すでに観光の使用が禁止されており、道路工事が惹き起こした生態破壊は徐々に回復している。

雲南紅河上・中流マクジャク生息地保護公益訴訟事件

2017年3月、環境保護組織である「野生中国」は、野外調査をする中で、国家一級保護動物であり、危険に瀕した種であるマクジャク【緑孔

雀】の重要な生息地が夏洒江一級水力発電所の貯水後の埋没区域内にあることを発見した。マクジャクは、2009年から、国際自然保護連合（IUCN）のレッド・リストに危険に瀕した（EN）種として登録されている。2017年5月22日に発表された《雲南省生物種レッド・リスト（2017年版)》の中で、マクジャクは極めて危険な種として列挙されている。マクジャクは中国では雲南省にのみ分布しており、現存する数は500羽もいない。現在、紅河流域の上流本流の双柏県と新平県の石羊江及びその支流が、マクジャクにとって、面積が比較的、大きく、それなりに連続していて、すべて揃っている最後の生息地である。

　夏洒江水力発電所の建設は、マクジャクの残された生息環境を飲み込んでしまい、緑汁江、石羊江、夏洒江、小江河の沿岸の河谷に分布する季節風林及び熱帯雨林の植生が埋没するばかりか、チンソテツ【陈氏苏铁】(国家一級保護植物）、ビルマカラヤマドリ【黒颈长尾雉】(国家一級保護動物）、インドニシキヘビ【蟒蛇】(国家一級保護動物）、ミドリハチクイ【绿喉蜂虎】(国家二級保護動物）、ミナミシマフクロウ【褐渔鸮】(国家二級保護動物）、千果欖仁【千果榄仁】(国家二級保護植物）といった多くの珍しくて貴重な保護種の生存を脅かす。紅河流域にわずかに存在ししかも保存が比較的整っている乾燥して熱い河谷の季節風林の生態システムに甚大な破壊をもたらす。

　この水力発電所の建設プロジェクトの環境影響評価は、手続上も実体上も、重大な問題が存在している。数回の調査を経て、専門家は、当該水力発電所の建設工事区域と埋没区域の生態の価値は非常に高く、生物多様性は極めて豊富で、水力発電所を建設すればマクジャクの重要な生息地と季節風林は埋没するだろうと評価した。「自然の友」は、関係部門は有効な解決〔策〕を推進することが未だできていないとの通報を受けて、環境公益訴訟を提起した。楚雄州中級人民法院は、この事件をすぐに受理した。現在、このダムは、工事を停止しているが、しかし、マクジャクとその整った生息地をどのように有効に保護するかは、依然として任は重く、道は遠い。

　本件が以前の訴訟と異なる点は、以下の点にある。すなわち、本件は

予防のための訴訟であり、損害という結果は生じておらず、訴訟提起の目的は水力発電所工事が野生動物の重要な生息地を破壊するという影響を避けるためである。これは、環境公益訴訟の方式を野生動物生息地の保護に初めて用いた事件である。

表2 「自然の友」が提起した環境公益訴訟事件表（2017年12月まで）

番号	事件名	場所	類型	事件の進展
1	北京市朝陽区自然之友環境研究所が謝某某ら4人を訴えた生態破壊事件	福建	生態破壊	二審最終判決が出され、終結
2	北京市朝陽区自然之友環境研究所が貴州省清鎮市鋁礦廠らを訴えた環境汚染事件	貴州	大気汚染	和解により解決
3	北京市朝陽区自然之友環境研究所が山東金岭化工有限公司を訴えた環境汚染事件	山東	大気汚染	和解により解決
4	北京市朝陽区自然之友環境研究所が江蘇中丹化工技術有限公司を訴えた環境汚染事件	江蘇	水質汚濁	和解により解決
5	北京市朝陽区自然之友環境研究所が江蘇泰州橡膠化工廠を訴えた環境汚染事件	江蘇	水質汚濁	訴訟取下
6	北京市朝陽区自然之友環境研究所が泰州市沃愛特化工有限公司らを訴えた環境汚染事件	江蘇	水質汚濁	判決が出され、終結
7	北京市朝陽区自然之友環境研究所が雲南省陸良化工実業有限公司らを訴えた環境汚染事件	雲南	土壌汚染	審理中
8	北京市朝陽区自然之友環境研究所が北京都市芳園物業管理有限責任公司を訴えた生態破壊事件	北京	生態破壊	審理中
9	北京市朝陽区自然之友環境研究所と広東省環境保護基金会が広東南岭森林景区管理有限公司らを訴えた生態破壊事件	広東	生態破壊	和解により解決
10	北京市朝陽区自然之友環境研究所と中国緑色発展与生物多様性保護基金会が江蘇常隆化工有限公司らを訴えた環境汚染事件	江蘇	土壌汚染	二審係属中
11	北京市朝陽区自然之友環境研究所が現代汽車（中国）投資有限公司を訴えた環境汚染事件	北京	大気汚染	開廷審理がなされた。
12	北京市朝陽区自然之友環境研究所が連雲港碱業有限公司を訴えた環境汚染事件	江蘇	大気汚染	開廷審理がなされた。
13	北京市朝陽区自然之友環境研究所が中電投山西鋁業有限公司を訴えた環境汚染事件	山西	大気汚染（粉塵）／鉱工業固形廃棄物	審理中
14	北京市朝陽区自然之友環境研究所が中国石油天然気股份有限公司吉林石化分公司を訴えた環境汚染事件	吉林	大気汚染	開廷審理がなされた。
15	北京市朝陽区自然之友環境研究所と中華環保聯合会が中国石油天然気股份有限公司吉林油田分公司らを訴えた環境汚染事件	吉林	土壌汚染	審理中
16	北京市朝陽区自然之友環境研究所と中国緑色発展与生物多様性保護基金会が常州黒牡丹建設投資有限公司らを訴えた環境汚染事件	江蘇	土壌汚染	審理中
17	北京市朝陽区自然之友環境研究所が雲南金鼎鋅業有限公司を訴えた環境汚染事件	雲南	土壌汚染	審理中
18	北京市朝陽区自然之友環境研究所が華潤新能源投資有限公司を訴えた生態破壊事件	貴州	生態破壊	審理中

19	北京市朝陽区自然之友環境研究所が怒江州環保局を訴えた違法行政処罰事件	雲南	行政訴訟	原告不適格により訴え却下
20	北京市朝陽区自然之友環境研究所が怒江州環保局を訴えた違法行政許可事件	雲南	行政訴訟	原告不適格により訴え却下
21	北京市朝陽区自然之友環境研究所が雲南江川仙湖錦綉游物業発展有限公司を訴えた生態破壊事件	雲南	生態破壊	開廷審理がなされた。
22	北京市朝陽区自然之友環境研究所が恭城瑶族自治県礦産公司らを訴えた環境汚染事件	広西	土壌汚染	審理中
23	北京市朝陽区自然之友環境研究所が雲南先鋒化工有限公司を訴えた環境汚染事件	雲南	大気汚染	大気汚染関連する刑事事件があったため、本件の審理は中断
24	北京市朝陽区自然之友環境研究所が国網甘粛省電力公司を訴えた環境汚染事件	甘粛	気候変化	審理中
25	北京市朝陽区自然之友環境研究所が中国水電顧問集団新平開発有限公司らを訴えた生態破壊事件	雲南	生態破壊	審理中
26	北京市朝陽区自然之友環境研究所が中国神華煤製油化工有限公司を訴えた環境汚染事件	内蒙古	生態破壊	未受理
27	北京市朝陽区自然之友環境研究所が重慶銅梁紅蝶鍶業有限公司を訴えた環境汚染事件	重慶	水質汚濁	未受理
28	北京市朝陽区自然之友環境研究所が中石油雲南石化有限公司を訴えた環境汚染事件	雲南	大気汚染、水質汚濁	受理されず
29	北京市朝陽区自然之友環境研究所と中国生物多様性保護与緑色発展基金会が陽新県金宝礦業有限公司らを訴えた環境汚染事件	湖北	土壌汚染	未受理
30	北京市朝陽区自然之友環境研究所が天津港（集団）有限公司らを訴えた環境汚染事件	天津	土壌汚染	未受理
31	北京市朝陽区自然之友環境研究所が鞍鋼集団礦業有限公司斉大山分公司を訴えた環境汚染事件	遼寧	大気汚染	未受理
32	北京市朝陽区自然之友環境研究所が国網寧夏電力公司を訴えた環境汚染事件	寧夏	大気汚染	未受理

三 展　望

　経済と社会が急速に発展して 40 年近くが経ち、生態環境の耐える力は限界に達している。環境保護はスローガンから、終身で責任を負う制度となり、損害の責任を負う時代が到来した。2017 年 6 月に、《民事訴訟法》と《行政訴訟法》が改正され、環境公益訴訟の提起が検察機関の法定の職責となり、検察機関は法により環境行政公益訴訟を提起できるようになった。省レベルの政府もまた、生態環境損害賠償制度を探究している。環境の責任の追及は、ますます厳しくなってきている。環境リスクの意識が高く、環境社会の責任感が強い市場主体であってこそ、市

場競争の中で不敗の地に立つことができるのである。

　党の十九大報告は、生態文明を築き上げることは中華民族が永続的に発展するための千年の大計である、と指摘している。そして、緑水青山〔＝景色が秀麗であるさま〕は金山銀山に他ならないという理念を樹立して実行しなければならず、資源を節約し環境を保護するという基本的国策を堅持しなければならず、生命と向き合うときのように生態環境と向き合わなければならず、山水林田湖草のシステム全体を統一的に統治しなければならず、最も厳格な生態環境保護制度を実施しなければならず、グリーンな発展方式及び生活方式を作り上げなければならず、生産が発展し、生活が豊かとなり、生態が良好となる文明発展の道を揺るぎなく進んでいかねばならず、美しい中国を建設しなければならず、人民大衆のために良好な生産生活環境を作り、全世界の生態の安全のために貢献しなければならない。各レベルの政府機関もまた、経済発展が仕事の唯一の重点であるという以前の意識及び態度を変えなければならず、生態文明という指導思想を徹底的に遂行しなければならず、党の十九大の精神を深く学習しなければならず、生態環境の保護を優先的地位に置いて、青空の下で緑水青山を保持しなければならない。そうして初めて、現代、そして孫子の後代に対して責任を負う持続可能な発展方式となるのである。

(1)　《慈善法》において、「社会役務団体」という語で「民営非企業」という呼び方に取って代わったことは、当該タイプの組織の特徴及び社会的機能に、一層、合うものである。しかし、《民営非企業単位登記管理暫行条例》の改正は、いまだ完了していない。

(2)　2009年から、社会組織と民衆は、公益訴訟を提起する試みを始めた。2009年7月、中華環保聯合会と江陰市住民が提起した江蘇江陰港集装箱有限公司環境汚染事件、貴州定扤造紙廠水質汚濁権利侵害紛争事件等の公益訴訟がそれである。2011年10月に「自然の友」と重慶市緑色志願者聯合会が提起した雲南曲靖クロム眉汚染環境公益訴訟が、曲靖市中級人民法院によって受理されたが、これは、草の根環境保護組織が提起した最初の環境公益訴訟と言われている。2011年、貴陽市清鎮市法院は、個人が提起した環境公益訴訟を初めて受理した。

第3章　環境公益訴訟の非伝統性について

劉　清　生

矢沢久純 訳

要　旨：個体を論理の基礎とする伝統法学は、総体的性質を有する
環境問題に応対するのが難しい。総体を論理の基礎とする新
型の権利の根拠、法律関係及び訴訟目的は、環境公益訴訟の
非伝統性を露呈させる。環境公益訴訟の権利の根拠は、生態
という公益が発展変化した私有化され得ない総体の権利、す
なわち環境権であり、そしてそこからさらに派生した、しか
も成分の利益から発展変化した生態公益保護権等の環境構成
員権である。伝統的な法律においては、権利者と義務者との
間の「個体対個体」又は「個体対総体」という法律関係がある
に過ぎないのに対し、環境権の下での権利者と義務者との間
には「総体対総体」及び「総体対個体」という新型の法律関係
があることにより、環境公益訴訟が生み出される。生態損害
の回復困難性が、環境公益訴訟はとにかく予防を核心目標と
するということを決定づけ、伝統的訴訟の損害塡補又は戒め
という目標と区別される。環境公益訴訟の非伝統性が、古き
ものを捨て去り、新しきものを打ち立てるというシステム的
制度の構築を要求する。すなわち、法律関係理論の尊重、環
境公益訴訟の異色な本質の確認、公衆及び構成員の合法的権
益の尊重、実質的原告と形式的原告制度の再構成、保護優先
の実践、生態公益予防責任制度の構築等である。

キーワード：環境公益訴訟、環境権、構成員権、新型の法律関係、
損害予防

一　序言

　環境問題は社会問題である。社会問題が「市場機能不全」と見られ、そしてまた「政府の干渉」と見られるようになって以来、環境の仕事は国のやる事と見られるようになった。環境の仕事が国のやる事となったとき、国は、環境利益の唯一の代表となり、このことにより、環境利益は利益の国家化傾向が始まった。環境利益の国家化の影響下で、我が国の環境公益訴訟の立法、司法実務及び理論研究は、いずれも、環境利益の実際の享有者である訴訟提起者の資格問題を避けてきた。甚だしきは、検察機関が訴訟の原告として訴訟を推進しているのにである。環境利益の真正の享有者の法律上の権利は完全に見えなくされている。環境利益の権利を守ることさえ、目下の環境公益訴訟理論と実務の中で失われ、尽きようとしている。別の面では、目下の環境公益訴訟理論が従っているのは、伝統的法学が個体を研究対象とする方法論的立場である。しかしながら、環境と環境利益等は、個体化され得ない総体であって、個体を研究対象とする方法論的立場と環境及び環境利益の総体性の間には、調和し得ない矛盾がある。この矛盾は、目下の法学研究が環境問題上の「力を以て強要する【覇王硬上弓】」及び「強要」後の環境公益訴訟理論の自治のなさに至ることを決定づけた。総体性を基本的特徴とする環境問題について、法学研究は、総体主義の方法論的立場が必要となる。本稿は、伝統的法学の個体主義的方法論を投げ捨て、総体を研究対象とし、環境公益訴訟の新型の権利の根拠、新型の法律関係及び新型の訴訟目標を分析することで、環境公益訴訟は伝統的訴訟とは異なる「別類」の本質及び当該「別類」の本質の制度価値について検討したい。

二　環境公益訴訟の新型の権利の根拠：生態公益及びその成分の利益の下での環境権とその構成員権

　生態危機の緊迫性は、我が国の環境公益訴訟に、直ちに実務の舞台に

登場することを促している。「直接の利害関係者」という原則が訴訟提起者は実体的権利を享有することを要求するという基礎を突破するに際して、ドイツの団体訴訟における「非政府環境保護組織」たる原告という制度及び英米法系の告発者訴訟における検察総長制度を参考にすることで[1]、我が国の環境公益訴訟制度は、二種類の原告を認めた。すなわち、環境保護組織と検察機関である。「直接の利害関係者」原則の突破は、環境公益訴訟の実体法上の「権利の空白」を明らかにしており、二種類の原告は環境公益上の実体的権利を享有してはいない。一部の学者は環境公益訴訟のために環境権を設計したものの[2]、目下の学術上の環境権は公民が享有し、訴訟実務は公民個人の原告適格を否認しているので、その権利の根拠となり得ないことは明らかである。実体的権利の根拠を欠く環境公益訴訟の実務は、権利・義務の対立的統一関係から離れ、司法権と行政権が環境公益の救済において混乱するに至っている。公民の原告適格の排除は、我が国《環境保護法》第53条の「公民は環境保護に参加し、監督する権利を享有する」という規定に違反しており、さらには第1条の「公衆の健康を保障する」という立法目的にも背理している。理論的準備不足が立法実務の不完全を招いたのである。では、環境公益訴訟の権利の根拠はいったい何なのか。「人々が努力して勝ち取るすべてのものは、彼らの利益と関係がある。」[1] 87 環境公益訴訟は、環境公益の救済を旨とするのであり、その権利の根拠は環境公益からのみ説き起こすことができるのである。

（一）生態の公益が発展変化した総体の権利である「環境権」が環境公益訴訟の根源的根拠である

世の中の万事万物を環境と呼ぶことができる。マクロ的に言えば、地球全体が一つの環境である。ミクロ的に言えば、一杯の水、一部屋もまた、一つの環境である。しかし、一杯の水や一部屋は、環境法の意味での環境ではない。なぜなら、これらのものは個体化されており、そこから発生する利益は私有化されているからである。利益が私有化された環境は、伝統的民法の権利客体であり、環境法にはこれを調整する余地がない。個体化される、又は私有化され得る環境は、環境法の意味での環

境になることはできず、環境法的意味での環境になることができるのは、公共性を基本的特徴とする環境、すなわち公共的環境だけである。哲学的意味においては、環境は経済的利益、審美的利益を有するにとどまらず、生態的利益をも有する。経済的利益は、法律上、財産的権利と認められ、個人又は社会組織に属するか、国家に帰属する。各自が享有する利益という角度から言えば、国家、社会組織又は個人は、いずれも個体の範疇に属する。環境の経済的利益は完全に個体化されており、法律上、個体の財産的権利として現れる。環境の審美的利益は、環境が人々の心理にもたらす享受を指す。心理的な享受として、環境の審美的利益は個体としての自然人が享有できるに過ぎないので、従って個体の利益であるに過ぎない。審美的利益は、個体の利益として、法律上、例えば眺望権といった個体の権利と認められる。環境の経済的利益と審美的利益は完全に私有化されており、例えば物権といった財産的権利と眺望権等の人身的権利に含まれ、経済的利益と審美的利益の環境は伝統的民法の権利客体になっていると言い現わすことができるのであって、環境法的意味での環境ではないのである。環境の三大利益の表現の中で、生態の利益だけが個体化又は私有化され得ない公共的利益なのであって、生態の利益はすなわち生態の公益なのである。以上のことから、生態の公益の環境がすなわち生態環境であると表現でき、環境法の意味での環境の公共性という特徴を備え、こうしてようやく環境法上の意味での環境となると見ることができる。環境法上の意味において、環境利益は環境の生態利益を指し、生態利益は公共性を以て基本的特徴とする、すなわち生態公益であると言明することができる。それ故に、環境利益に私益は存在せず、環境利益はすなわち環境公益なのである。

　生態公益の公共性は社会の公共性と表現でき、国家の公共性とは表現できない。「公共利益は国家の利益を含んでいるばかりでなく、社会の利益をも含んでいる。」[2] 31 公共の利益は国家公共の利益（略して国家利益）及び社会公共の利益（略して社会利益）を含んでいる。国家は政治統治機構として、政治的利益が国家的利益の当然の内容となり、領土の完全性、国家主権及び文化の完全性が国家的利益の核心的内容である。

これに対し、社会の利益は政治統治と無関係なものであり、一定の時空範囲内の社会の成員のところで共同の需要に基づいて生じる公共の利益である。生態の公益は社会の成員の共同の生存利益であり、階級統治の属性を有さず、政治統治と無関係なのであって、国家利益は含まれ得ない。生態利益の担い手として、生態系【生态系统】は、各種の生物及び非生物が行うエネルギー移動、物質循環及び情報伝達の統一的総体であり、「一定の範囲内において、生物集合体の中の一切の有機体と、その環境を組成する、一定の機能を持った総合的統一体なのであって、……生物と環境の間に構成される一つの機能総体である」[3] 42。これは、一つの個体化され得ない総体である。生態系の良性運行は、一定の時空範囲内の人「類」のために、共同の基本的な生存の前提を提供し、公共性を特徴とする生存利益を表している。すなわち生態公益である。この生態公益は、「類」の形態を以て存在する総体利益である。人「類」が共同して持っている生存の基礎として、生態公益は具体的個人の利益ではなく、個人の利益が存在することができる基礎的プラットフォーム【平台】である。生態公益プラットフォームから離れたら、個体の利益について語りようがなくなるので、生態公益は、すべての個体利益の基礎であり、また前提でもある。生態公益の「類」の形態、総体属性及びプラットフォーム属性は、生態公益の非政治性や非国家性を明々白々に表している。「人類の利益と生態系の利益は同じものであり、……善悪を判断する基準は個体にはなく、生命共同体全体にある。」[4] 209 統治者と被統治者の需要として、生態公益は、生態環境上の、政治統治と無関係な、人々の社会公共利益である。社会公共性というのが生態公益の基本的特徴である。

　しかしながら、伝統的法学の「権利主体は個体である」との事前設定は、生態公益の社会公共性に応対することができず、そのため、数十年に及ぶ環境権研究は、「環境権の主体と意味が不明」との結果にとどまっている。「現代西欧政治文明は権利をメルクマールとする西欧近代個人主義が精神観念、法制度及び政治行為において実行されたものである」[5] が故に、西欧の法と法学思想の基本的特徴は個人主義なのであっ

69

て、「中国法制の現代化の主要な内容は西欧法の移植である」[6]から、中国であれ西欧であれ、権利をメルクマールとする個人主義思想の下では、法律上の権利はいずれも個人の権利となる。あるいは、法的権利は個体（自然人又は組織）の権利、私人の権利であり、私人の利益を守ることを旨としている、とも言える。総体性を持つ生態系が生み出したものは総体性の生態公益であり、このような私有化され得ない総体性の生態公益は、生態公益の享有主体は個体化され得ないことを決定づけた。生態公益の享有主体は個体化され得ないということと伝統的な権利主体の個体化という事前設定の間の矛盾は自然に形成されたものであり、生態公益は伝統的な個体の権利という形態を通じては保障を得ることはできないということを決定づけた。それ故、「現実の個人が個体性を有しているだけでなく、社会群体性と人類性をも有している」[7]65にしても、人々は個体の私利を必要とするだけでなく、社会公益をも必要とし、個体の私利が権利形態という法的確認を獲得したのだとしても、社会公益もまた権利形態という法的保障を手に入れなければならない。しかし、伝統的な権利が個人主義を以てメルクマールとする思想の下では、生態公益等の社会公共利益は権利化を実現するすべがないのである。

　「法は利益を創造するものではなく、新たに出現する利益を確認し、保護するものであり、最終的に権利と義務を設定することで分配を行い、そうして社会の制御を実現する、そういうものである。」[8]17 生態公益は、近代以来、環境危機の常時勃発に伴って現れてきた新型の利益である。生態危機の常時勃発は、「新たに出現する」生態公益は速やかな法的確認と保護を必要とするという急迫性を強調し、生態公益の法的権利化の切迫性を強調している。財産的利益が財産権として確認されるのと同様に、環境に対する人々の生態公益もまた、速やかに環境権として確認されなければならない（あるいは、生態権という方がぴったりくる。）。しかしながら、生態公益の「新しさ」はその「新たに出現した」という点にあるだけでなく、「伝統とは異なる社会公共性」という点にある。社会公共性を基本的特徴とする生態公益は、分割することができず、個体の総体に約してしまうことはできない。生態公益の総体性は、

その享有主体は総体としての社会の公衆だけであり、個体の公衆の総体に約してしまうことはできないということを決定づけた。生態公益の享有主体の約分不可能性は、生態公益の権利化の結果はすなわち環境権享有主体の約分不可能性を決定づけ、環境権の権利主体は生態公益を享有する公衆総体であって、個体としての自然人又は組織ではない。生態公益の「伝統とは異なる社会公共性」という新しさは、生態公益の権利化の結果はすなわち環境権の新しさであることを明らかにしており、環境権は決して伝統的意味での個体の権利ではなく、むしろ一定の時空範囲内の公衆総体が、総体性のある生態公益について享有する新型の権利であって、伝統的な個体の権利とは区別される一種の総体の権利、つまり公共的権利である。総体性と社会公共性が、環境権の基本的特徴である。

　環境公益すなわち生態公益が法的に環境権と認められたとき、環境公益を守ることを目標とする環境公益訴訟は権利の根拠を持つことになった。環境権の確立は環境公益訴訟の論理的前提であり、環境権の被害又は被害の虞は環境公益訴訟提起の事実的前提である。生態損害が惹き起こす生命健康権の被害又は被害の虞を以て提起される訴訟は環境公益訴訟ではない。生態損害が惹き起こす生命健康権の被害を以て提起される訴訟の立脚点は個体の生命健康権であり、まさに私益訴訟の範疇に属する。生態損害が惹き起こす生命健康権の被害の虞を以て提起される不法行為停止、原状回復、妨害排除の要求等の訴訟は、個体の権益を守るのと同時に生態公益を守るという効果を実現することができるとしても、その立脚点は依然として個体の権利であって、やはり私益訴訟の範疇に属する。環境公益訴訟は、環境権を根拠として提起する訴訟である。生態公益は個体の利益が存在することができる総体の基礎なのであり、環境権は個体の権利が存在する公共プラットフォームである。環境権の権利状態が十分であるとき、個体の生命健康権は基本的な保障を有することになる。環境権が侵害され、又は侵害される虞があるとき、個体の生命健康権も危害に直面する。環境公益訴訟は個体の私利を保護するのではなく、むしろ一定の時空範囲内の個体の私利が存在することができる公共プラットフォーム、すなわち生態公益を保護するのである。それ故

に、環境公益訴訟が根拠とするのは、個体の権利ではなく、個体の権利が存在することができる前提、すなわち公衆環境権だけである。環境権に基づいて生態公益を保護することを目的として提起する訴訟だけが環境公益訴訟である。

（二）環境成分利益が発展変化した構成員権である「生態公益保護権」が環境公益訴訟の直接的根拠である

　伝統的法学の個体主義的方法論の下では、構成員権【成員権】(社員権という学者もいる。)[(3)] は、理論的展開がまだ弱い権利形態であり、民事権利化されている権利である。ある学者によれば、民事的権利として、構成員権は非経済的性質を持つ共益権と経済的性質を持つ自益権を含んでいる。「公益社団においては、社員の社員権は非経済的性質が主であり、しかも権利は『利己的』なものではなく、公益的性質を有している」[(9)]。しかしながら、伝統的法学における権利はいずれも個体のものであり、かつ利己的なものであって、利他的性質を有していない。構成員権を民事的権利と解釈し、そしてそれは利他性と民事的権利の個体性を具備していると考えることは、本質において矛盾している。共益権の共益性と民事的権利の私有性もまた相容れない。民事権利化された構成員権は、いわゆる共益権の内容を包括することはできない。共益権は、本質的に、新型の総体の権利の内容であり、いわゆる自益権の内容さえ含むことができない。自益権は、個体の構成員が総体の権利上の利益を分かち持っているのであり、この種の利益は経済的利益と表現されるとは限らない。個体だけを研究対象とする伝統的法学は、構成員権を解析することができない。なぜなら、構成員権は独立して成立する権利ではなく、それが依存している総体の権利から派生する第二の性質を持った権利だからである。

　個体主義の方法論の解するところによれば、社会の総体は個体を単純に加え合わせたもの【簡単加総】であって、個体は社会の真の実体であり、科学研究の論理の起点である。それ故に、独立した意味上での公衆の総体は存在しないのである。総体主義的方法論の考えるところによれば、総体は個体によって構成されるが、個体に約されることはできず、

個体が連合してなる独立した実体である。一定の時空範囲内の公衆の総体は、公衆の個体構成員が連合してなる、そして個体から独立した真の実体である。近代以来、伝統的法学は個体主義方法論を実行しており、総体概念はほぼすべてが法の外へ排斥されている。しかし、世界の法史を遡ると、「団体主義」を基本的特徴とするゲルマン法の中に、例えば「共同態」等の総体性を内容とする概念を見てとることができる。「中世初期の共同態はいずれも一定の事実を前提とし、このような事実関係があれば、すなわち当然に成立する。……それは、初期の共同態は、もともと、現存する生活利益の保護防衛を目的としていたからである。」[10] 32「共同態」は公衆の総体の表現形式であり、事実状態に基づいて、現存の生活利益を保護防衛することを目的として当然に形成される総体である。中世には環境問題がなく、環境の面での「共同態」が発生することもあり得なかった。しかし、近代以降、環境汚染及び破壊は生態系に対して深刻な危害を及ぼし、総体性の生態公益が次第にはっきりと浮かび上がり、一定の時空範囲内の公衆の総体はある種の事実的な存在となり、現存の生態公益は事実上、環境「共同態」を形成した。環境「共同態」の中で、分割不可能な生態公益に対して、公衆の総体が共同して享有する一つの完全な権利がすなわち環境権である。公衆の総体が環境権を享有するということは、「静態」的に生態公益を享有する権利があるということを表しているだけでなく、「動態」的に「現存の生活利益の保護防衛」のために保護防衛的性質を持つ権利を享有するということも表している。「静態」の物権から派生する「動態」である危険除去請求権、原状回復請求権等の物上請求権（物上請求権は一種の保護防衛的性質の権利である。）と同様に、この保護防衛的性質の権利は、環境権の十分な状態を保障するために、環境権から派生する第二の性質を持つ権利である。異なる点は、物権から派生する物上請求権は、物権者自身が行使するために与えられるという点で選択の余地がないのに対し、環境権から派生する保護防衛的性質の権利は、公衆の総体又は公衆の構成員が行使するために与えられ得るという点である。生態公益はあらゆる個体の利益が存在する基礎的前提であり、環境権は個体の権利が存在する公共の

プラットフォームである。環境権プラットフォームがひとたび危害を受けると、プラットフォーム上の個体の権利も必ずや危害を受けることになる。個体の権利を適切に保護しようと思ったら、プラットフォーム上の個体は、あらかじめ公共のプラットフォームすなわち環境権を保護する権利を享有している必要がある。あらかじめ環境権プラットフォームを保護する権利というのは、環境権プラットフォーム上のあらゆる個体の構成員にとって当然の権利である。以上のことから、公衆の構成員は当然に、環境権から派生する保護防衛的性質の権利を享有しているということが分かる。公衆の構成員が環境権に対する保護防衛的性質の権利を行使するのであって、公衆の構成員が一つの独立した権利を享有しているということはなく、公衆の構成員が環境権内部の権利内容の一部を分享しているに過ぎないことは明らかである。

　しかしながら、公衆の構成員は環境権内部の権利内容の一部を享有しているということで、独立した個体利益の故に発生するということはない。そうではなくて、環境公共利益（すなわち、環境公益）及びその公益中の個体の構成員の利益成分（あるいは、「成分利益」ということもできる。）の故に発生するのである。環境公益は公衆の共同の利益であり、公衆の構成員はその公益中の成分利益を分かち持つ。成分利益は個体の利益ではない。個体の利益は独立して存在する利益であり、成分利益は、個体によって分かち持たれるものの、独立しては存在しようがなく、公共利益の中にのみ存在し得る。成分利益は公共利益の構成成分であるが、公共利益は成分利益を単純に加え合わせたものではないし、公共利益もひとつひとつの独立した成分利益に分割し得るものではない。環境公共利益が公衆環境権に権利化されるとき、環境公共利益の中の個体の成分利益は環境構成員権に権利化される。それと同時に、環境成分利益と環境公共利益の間の関係も、環境構成員権と環境権の間の関係として表される。環境構成員権は、独立して存在する伝統的な個体の権利ではなく、むしろある種の、独立して存在し得ない、総体環境権の中にのみ存在し得る権利形態である。環境構成員権は環境権の中に存在するのであり、環境権から離れたら環境構成員権とは言えない。環境権は、

ある種の独立した総体の権利ではあるものの、環境権と環境構成員権は結び付くのであって、環境権もまた環境構成員権から離れたら、環境権とは言えなくなる。環境権と環境構成員権の間の関係は、総体と部分の関係である。

　総体として、公衆は、環境権の故に、生態公益を享有、管理及び保護する権利を有し、部分として、公衆の構成員はおのずと、生態公益を分かち持ち、その管理に参加し、そしてそれを保護する権利をも有する。生態公益を分かち持つ権利を持つということは、公衆の構成員が生態公益分享権を享有するということであり、生態公益の管理に参加してそれを保護する権利を持つということは、公衆の構成員が生態公益を「保護し、防衛する」ために生態公益管理権と生態公益保護権を享有するということである。生態公益分享権、生態公益管理権及び生態公益保護権は、環境構成員権の具体的内容である。生態公益分享権は、公衆の構成員が「静態的に」生態公益の権利を分かち持つということであり、公衆の構成員の最も基本的な権利の分享である。環境権の権利の十分な状態を保障するために、生態公益管理権と生態公益保護権は、公衆の構成員が「生態公益を保護し、防衛する」という目的を中心にして、「動態的に」、環境管理に参加し、生態公益を保護する権利を分かち持つということである。生態公益の管理を分かち持つために、公衆の構成員が環境管理の中に参加することは、目下の学者が熱をあげている環境公衆参加である。環境公衆参加は、公衆の構成員が生態公益管理権を行使した結果である。生態公益管理権を行使することは生態公益に対する積極的行為であり、積極的行為の目的は生態公益の増加又は生態公益減少の防止である。しかしながら、この目的はどうしても実現することができない。なぜなら、生態規律に合致しない積極的行為は生態公益に不利な結果を惹き起こすだけだからである。ここから分かることは、構成員の生態公益管理権の行使は、環境権総体について言えばリスク行為なのであり、リスクを有する生態公益管理権の行使を個体の構成員各自が独立して行使するに任せることはできず、むしろ公衆総体が集中して行使する以外にないことは明らかである、ということである。いわゆる集中行使

は、構成員の生態公益管理権の行使意思を集中させて合力を形成すること、すなわち公衆総体の意思表示を通じて生態公益管理を成し遂げることである。

　生態公益保護権の行使は、生態公益管理権の行使とは全く異なる。生態公益保護権が対象としているのは、生態公益にすでに発生している不利な結果又は不利な結果が発生する虞のある環境侵害行為であり、加害者に対して、生態公益を回復するか、又は進行中の環境侵害行為をやめるように要求するのである。生態公益回復の要求又は環境侵害行為停止の要求は、公衆の生態公益について言えば、有利であるだけで、不利ではない。環境権の総体について言えば、構成員が生態公益保護権の行使を望むだけで、役に立つ。その構成員が行使する効率が高くなればなるほど、環境権が保護される可能性は大きくなる。これに対して、構成員の生態公益保護権の行使が強制的に公衆の総体の意思表示に集中するならば、こうした時間のかかる「意思集中」は、環境権保護にとってかなり非効率である。他方で、生態公益は構成員の個体の生命健康という私益の基礎であるから、自己の生命健康の利益を保障するために、公衆の構成員には生態公益保護権を行使する内在的動力があることになる。こうして、公衆の構成員が単独で生態公益保護権を行使するのが最も効率的であることが分かる。利益の最終的保護手段は訴訟であり、公衆構成員が生態公益保護権を行使する最終手段はまさしく環境公益訴訟である。生態公益保護権は、公衆の構成員が生態公益を保護するために環境公益訴訟を提起する直接の根拠となるのである。

　「法は、規則と論理であるだけでなく、人間性も有しており、社会環境から離れたら、法は理解不可能なものとなるであろう。」[11] 1 構成員による生態公益保護権の行使は、人間性の要求を具体的に表すもので、利己と利他の統一を実現させることができるのである。利己はあらゆる生物の自然の本性である。人間の利己の本性の下、人間の無節制な利益追求行為【逐利行為】は、環境に対して生態限界値を超えることを惹き起こし、生態公益損害を発生させる根本的原因である。公共生存プラットフォームとしての生態系が破壊され、個体の利益追求行為は実質上、多

くのその他の個体の生命健康利益に危険を及ぼしている。同様に、利己の本性の下、その他の個体も個人の利益を保護する行動をとる。しかしながら、その生命健康利益が実質的損害を受けた後に保護行動をとるのは、明らかに時機を逸している。その生命健康私利が害されるのを予防するために、その他の個体の最良の選択は、生存に頼る生態プラットフォームを保護することである。このことにより、私利を保護することを動機として、公衆の構成員は生態公益保護権を行使することを始める。保護の最終手段、それは環境公益訴訟を利用することである。環境侵害行為に対して公衆の構成員は生態公益保護権を行使し、個体の生命健康利益を保護するという利己的動機を実現するとともに、生態公益を保護するという利他的結果をも実現した。結果において、利己と利他の統一を実現したのである。利己（生命健康という私益を保護すること）は利他（生態公益を保護すること）の内在的駆動力であり、これは生態公益保護権等の構成員権の人的基礎である。当然のことながら、権利の行使にはコストがかかる。私利を追求することを自然の本性とする個体の自然人は、構成員権の行使コストを引き受けるという本性を備えていない。生態公益を保護し、環境権の実現を保障するために、制度上、構成員権の個体による行使コストの補填を保障する必要がある。個体が権利を行使するコストを埋め合わせて初めて、公衆の構成員は構成員権を行使する積極性を持つことになる。こうして、私益を保護する内在的動力、コスト補填による行使の積極性、この両者が、公衆の構成員が積極的に環境公益訴訟を提起するのを促すことができる。一部の構成員が便乗してくる現象は、これにより、考慮すべき対象から外れる。公衆の構成員が積極的に生態公益保護権を行使して、環境公益訴訟を提起するならば、環境侵害行為は、だれからも袋叩きにあう路地裏のネズミのように「人民共同戦線」の洋々たる大海原に陥り、生態公益は適切な保護を手に入れることができる。「利益が生態環境保護の中心位置に焦点が合い、理性の護衛があるものの、利益に対してたゆまずに追求する者が利己主義の生物人である」[12] としても、このような生物人が、その他の同じような、利己を動機とし、そして環境公益訴訟を通じて生態公益を保

護する同類に出くわすとき、その者は必ずや、同類が有する生態公益保
護権等の構成員権に制限を受け、そして、社会規則を守り、生態公益等
の総体の利益の神聖さを承認して尊重するのである。

三　環境公益訴訟の新型の基礎的関係：総体的権利下の新型の法律関係

(一) 環境公益訴訟の「総体対総体」と「総体対個体」の基礎的法律関係

　法律関係は権利義務関係であり、権利の救済は法律関係を基礎とする
ものでなければならない。訴訟は、権利の最終的救済の方式として、そ
の法律関係の基礎から離れることができない。民事訴訟は自然人や社会
組織の間の民事法律関係を基礎とし、行政訴訟は自然人や社会組織と行
政機関との間の行政法律関係を基礎とし、刑事訴訟は国家と犯罪者との
間の刑事法律関係を基礎とする。

　ルネサンスは個人の思想的解放を切り開き、近代のブルジョア革命は
個人の政治的解放をもたらし、個人は近代以来、世界の主体となった。
個人を主体とする世界において、権利は先ず個人の権利であって、その
次に、個人によって構成されるものの、個体として存在する組織の権利
である。個人の権利であるにせよ、組織の権利であるにせよ、権利の主
体はいずれも個体である。権利主体が個体であるに過ぎないとき、主体
間の民事法律関係は、個体の権利者と個体の義務者の間、又は個体の権
利者と総体の義務者の間という二種類の関係があるに過ぎない。債権債
務関係が個体の権利者（債権者）と個体の義務者（債務者）の間の関係、
すなわち「一対一」の関係であるのに対し、物権関係は個体の権利者（物
権者）と総体の義務者（物権者以外のその他のあらゆる人によって構成
される総体）の間の関係、すなわち「一対総体」の関係である。不法行
為が発生したときの民事法律関係は、権利者と不法行為者の間の「一対
一」の関係である。権利主体が個体であるに過ぎないとき、主体の間の
行政法律関係もまた、個体である権利者と個体である行政義務者の間の
法律関係、すなわち「一対一」の関係であって、何ら異なるところはな

い。国家と犯罪者の間の刑事法律関係は、個体としての刑事司法捜査起訴部門と個体としての犯罪（被疑）者の間の関係に簡略化され、「一対一」の関係である。個体が近代に解放されたことで、個体は世界の主体となり、同時に個体は近現代の法律関係の唯一の主体となった。法律上の権利はいずれも個体の権利であり、法律関係はまた、権利者と義務者の間の「一対一」又は「一対総体」という二種類の関係があるだけである。

　法律関係は、法律が適用対象としている社会関係が形成する特殊の関係である。社会関係は個体と個体の間の関係、及び個体と総体の間の関係を表しているだけでなく、総体と個体の間の関係、及び総体と総体の間の関係をも表している。数学の記号である「∞」を用いて総体を表すとすれば、社会関係は少なくとも「1：1」、「1：∞」、「∞：1」及び「∞：∞」の四種類を含んでいる。近現代の法律関係の体系においては、権利主体と義務主体の間の「一対一」又は「一対総体」という二種類の関係が存在するに過ぎないという事実は、別の角度からは、人々に以下のことを教えてくれる。すなわち、近現代の法律は、四種類の社会関係のうちの二種類、つまり「1：1」及び「1：∞」に対して規範化しているに過ぎない。それならば、「∞：1」又は「∞：∞」の社会関係は、なぜ伝統的法律から拒絶されてその適用対象の正門の外に置かれるのか。「1：1」又は「1：∞」の社会関係が権利主体と義務主体の間の「1：1」又は「1：∞」の権利義務関係に規範化されるとき、この二種類の法律関係の前面にある「1」は権利主体であることがはっきり見てとれる。あるいは、伝統的法律関係の中で、権利はいずれも個体の権利であると言える。近代ブルジョア革命後、個人主義は社会の基本的観点であり、個体を研究対象とする伝統的法学は個体の権利を構築することができるに過ぎない。総体の形式で存在する権利主体は存在しないという状態の下では、権利主体と義務主体の間の「総体対総体」又は「総体対個体」という関係は、法律関係を成し遂げようがない。

　しかしながら、生態という公益は総体的であり、生態という公益を享有する公衆もまた総体的である。こうして総体が環境法学の研究の基点となる。総体としての公衆が環境総体利益を享有し、その進展変化する

総体性という法的権利、すなわち環境権は、伝統的な個体利益が進展変化する個体の権利から完全に区別される。環境権の権利主体は、総体としての公衆なのであって、個体としての個人ではない。総体の権利の下で、権利主体と義務主体の間の「総体対総体」又は「総体対個体」(すなわち、「∞：∞」又は「∞：1」)という新型の法律関係が成し遂げることができる。「∞：∞」又は「∞：1」という社会関係に対する法律適用の空白は、補うことができる。総体「∞」としての公衆が生態という公益に基づいて享有している環境権は絶対権であり、絶対権の義務主体は多くの義務者によって構成される総体、すなわち公衆「∞」であるから、権利主体と義務主体の間は、「∞：∞」の静態法律関係である。義務主体の「∞」の中の一員が環境権を侵害したか、又は環境権を侵害する虞があるとき、権利主体たる公衆「∞」と義務主体たる個体「1」の間に「∞：1」の不法行為法律関係が発生する。「∞：1」の不法行為法律関係の下では、不法行為者「1」に対して提起する環境生態公益保護の訴訟が、まさしく環境公益訴訟である。簡単に言えば、環境権という総体の権利の下では、権利主体と義務主体の間の「∞：∞」及び「∞：1」の新型の法律関係が環境公益訴訟の基礎となる。

　疑いなく、権利主体と義務主体の間の「1：∞」と「1：1」という伝統的法律関係は、権利主体「1」の個体の利益の救済を目的とする伝統的訴訟を生み出すことができるに過ぎず、社会公共の利益の救済を目的とする新型の訴訟を生み出すことはない。総体の権利の下での「∞：∞」及び「∞：1」という新型の法律関係が個体の権利の救済を目標とする伝統的訴訟を生み出すこともできない。基礎となる法律関係の差異が環境公益訴訟と民事訴訟、行政訴訟といった伝統的訴訟との間の大きな相違を決定づけた。環境公益訴訟は民事訴訟にも属さず、行政訴訟にも属さない。さらに、伝統的訴訟の下で行われる環境行政公益訴訟と環境民事公益訴訟の間の区別も行いようがない。総体の権利と新型の法律関係を基礎とする環境公益訴訟は、伝統的訴訟から完全に独立した一種の「別類」訴訟である。

（二）環境公益訴訟の基礎的関係の特殊な論理的流れ

　自身の利益を守るために、権利者は自力救済の方式をとるだけでなく、訴訟といった公権力による救済の方式をとることもできる。民事訴訟は言を俟たず、行政訴訟の唯一の目的もまた訴訟提起者の合法的利益を保護することにある〔13〕69-72。しかしながら、訴訟提起者の利益を保護する前提は「分け前の画定【定分】」である。商鞅は『商君書・定分』の中で次のように述べている。すなわち、「一兎が走れば百人がこれを追う。これは、一兎を分けて百にできるからではなく、名分が定まっていないからである。さて、売る者、市に満ち、しかも盗、敢えてこれを取らざるは、名分すでに定まるが由也。故に、名分が定まっていなければ、尭・舜・禹・湯〔訳注1〕すらいずれも務るがごとく、これを追う。名分すでに定まりたれば、貪婪な盗賊すらこれを取らず。」〔訳注2〕「分け前の画定」は利益帰属の確認であり、帰属した利益が与える法的効力（すなわち、権利）を明確にすることである。利益が権利に高められて初めて、法の適切な保障を得ることができる。伝統的な法律関係は権利主体と義務主体間の「1：1」又は「1：∞」方式で存在し、個体の利益は実体法上、個体の権利に「分け前が画定」されるので、権利主体は個体となる。手続法上、民事訴訟と行政訴訟は、訴訟提起者と訴訟事項に直接の利害関係があることが求められ、実質上、訴訟提起者が実体法上その「分け前を画定」する権益の根拠があることを求めている、ということである。その「分け前を画定」する権益に基づいて、個体は民事訴訟や行政訴訟を提起し、訴訟の利益の結果も、自ずと、訴訟提起者である個体に帰属することができるに過ぎない。以上のことから分かるように、伝統的な民事訴訟と行政訴訟の論理的流れは、「個体の利益 → 個体の権利（→ 個体の直接的利害関係）→ 個体の訴訟提起 → 訴訟利益の個体への帰属」となる。その中で、個体の直接的利害関係は、実体法の内容と手続法の内容を繋ぐ橋梁である。こうした論理的流れの中で、個体の利益は、伝統的な民事訴訟と行政訴訟の論理の起点であるばかりでなく、その論理の終点でもある。個体は、この二種の訴訟の論理の基礎である。民事訴訟と行政訴訟は典型的な私益訴訟である(4)。

刑事訴訟は、前述の典型的私益訴訟とは異なる。犯罪行為が被害者という個体にのみ向けられているとしても、犯罪結果は個体の利益に対する損害であるだけでなく、国家公共の利益、すなわち国家的利益への侵害でもある。国家的利益は、統治階級共同の核心的利益として、その他の利益に優先する特殊の支配的地位を有している。それ故に、憲法を通じて、特別な強制力を有する国家権力であると確認するのであり、平等の意味での権利ではないのである。その国民の安全保障という職能に基づいて、さらには国家的利益の保護の必要に基づいて、犯罪行為に対する国家機関の訴追及び制裁〔権〕を用いることは、国家の欠かすことのできない職責となる。このことから、刑事訴訟は「国家訴追原則」を形成した[14] 42。国家訴追の主要な目的は、犯罪に対して懲罰することで犯罪の予防を実現することである[15] 38。しかしながら、実際に国家訴追権を行使するのは、国家を代表する相応の国家機関であり、我が国では検察機関である。国家による訴追の中で、国家は唯一のものであるが、しかし、国家を代表して訴追権を行使する国家機関は多い。換言すれば、刑事訴訟中の名義上の起訴者は一人、すなわち国家があるに過ぎないが、実際に訴追権を行使する起訴者は数が多いのである。以上をまとめると、刑事訴訟の論理的流れは、「国家の利益 → 国家権力（→ 具体的には個体の権力） → 個体の権力による起訴 → 訴訟利益の国家への帰属」である。国家の訴追権は、具体的には国家機関の個体の訴追権であり、それは憲法の内容と刑訴法の内容を繋ぐ鍵である。国家が享有する利益の「私有」の独立性について言えば、国家は個体である。刑事訴訟の論理的流れにおいて、その論理の起点と論理の終点は、「国有化」した国家公共の利益であり、個体としての国家がその論理の基礎である。それ故に、刑事訴訟は一種の非典型的な私益訴訟である。

　生態という公益は個体の利益ではなく、国家の利益でもなく、むしろ社会の利益である。個体の利益はその最も良い代表を有している——個体自身である。国家の利益もまたその最も良い代表を有する——国家である。個体は私利を追求することを以て終局的目標とし、国家はその個体の私利という特性を有するのみならず、その「政府機能不全【政府失

82

霊】」という社会的現実も有しており、従って、個体と国家は社会の利益の適格な代表ではない。社会の利益は社会公衆の共同の利益であり、利益の実際の享有者は総体としての公衆であって、当該利益の最も良い代表は公衆自身であるべきである。公衆が成員によって構成され、公衆が社会公共の利益を享有し、成員はその成分の利益を分属享有する【分享】。個体の利益が個体の権利に権利化され、生態という公益が環境権に権利化されるとき、成員の成分の利益は成員権に権利化される。個体である成員が良好な環境という公益を分属享有する必要に基づいて、公衆の成員は生態公益保護権等の環境成員権を享有する。生態公益保護権に基づき、生態という公益を守るために、公衆の成員は環境公益訴訟を提起することができる。そして、生態という公益の不可分性、すなわち社会公共性の故に、環境公益訴訟の結果は、最終的には生態公益の享有者に帰属し得るに過ぎない――公衆の総体がそれである。以上のことから、環境公益訴訟の論理的流れは、「公衆の総体の利益　→　総体の権利（構成員の成分の利益　→　生態公益保護権等の構成員権）　→　個体である構成員の訴訟提起　→　訴訟利益の、公衆の総体への帰属」であることが分かる。総体の利益の組成部分として、個体の構成員の成分の利益が発展変化する生態公益保護権等の構成員権、すなわち総体の環境権から派生する環境構成員権が、実体法の内容と手続法の内容を繋ぐ核心的要素である。環境公益訴訟の論理的流れにおいては、その論理の起点と論理の終点は公衆の生態の公益、すなわち社会的利益であり、公衆の総体がその論理の基礎である。

　社会の利益を目標とする環境公益訴訟と、国家の利益を目標とする刑事訴訟とは、その利益の公共性という特徴の故に、類似するところがある。刑事訴訟における形式上の訴訟提起者は国家であるように、実際に訴追権を行使する訴訟提起機関は数が多い。環境公益訴訟の形式上の訴訟提起者は一人だけ、すなわち公衆の総体だけであり、実際上、訴訟提起権を享有するのは多くの公衆構成員である。しかしながら、統治階級の利益が優先され、国家の利益が国家権力に上昇する。そして、社会の利益は個体化（国有化）され得ない公共利益であり、純粋な公共利益の

形式でのみ存在し、従って、公共性を持つ総体の権利と認められる。それ故、両者の論理的な流れの上では、刑事訴訟の訴追の根拠は、国有化された、強制支配力を有する公共権力である。他方で、環境公益訴訟の訴訟提起の根拠は、公共性を持つ環境権とそこから派生する環境構成員権である。以上をまとめると、伝統的三大訴訟の論理の起点と論理の終点はいずれも個体の利益（国家の利益を含む。）であり、個体は三大伝統的訴訟の論理の基礎であることが見てとれる。しかしながら、個体は環境公益訴訟の論理の基礎となることはできない。環境公益訴訟の論理の起点と論理の終点は総体の利益なのである。

四　環境公益訴訟の新型の目標：生態損害の塡補から生態損害の予防へ

（一）目下の環境公益訴訟における損害塡補の目標の非論理性

　近代のルネサンスとブルジョア革命は、思想及び政治上、個人を解放し、個体の自由平等を唱導し、さらに個体の権利と個体主義を発展させた。「個人至上」の尊重は、近現代の生産力の猛烈な発展が促進される中で、最終的に人と自然の不調和を惹き起こした。すなわち、自然界からの過度の取立てと自然界への過度の排出である。過度の取立てと過度の排出は、自然界の中の物質エネルギー循環の不均衡を惹き起こした。環境問題の発生である。環境問題というのはすなわち、「自然の又は人為的原因によって惹き起こされる生態系破壊であって、直接又は間接に人類の生存及び発展に影響する一切の現実的又は潜在的問題である」[16] 5。「環境問題の発生は、環境機能が正常に実現できないことを表明しているのである。」[17] 15 簡潔に言えば、環境問題は生態機能及び生態系の損害である。環境問題が生態危機に悪化したとき、甚だしきに至っては原告主体すら不明確であるときに、環境公益訴訟実務が急遽、登壇してきたのである。急遽、登壇した環境公益訴訟実務は、民事訴訟、行政訴訟といった伝統的訴訟モデルを底本として展開されるほかなく、ひいては環境民事公益訴訟と環境行政公益訴訟に分けられるに至っ

た[5]。伝統的な民事訴訟及び行政訴訟は典型的な私益訴訟であり、個体の権利の救済手段である。個体の権利の近代における草分け的人物であるグロチウスは、「約束あらば必ずや履行し、害あらば必ずや償い、罪あらば必ずや罰する」[18] 139 を古典的自然法の基本原則と考えた。古典的自然法の基本原則の影響の下、伝統的私益訴訟が従うのは、損害塡補原則、すなわち「損害は必ず完全に塡補しなければならない」〔原則〕である。この私益訴訟を元にして、「損害は必ず完全に塡補しなければならない」思想は、これに従って自然に環境公益訴訟実務の中へと入っていった。それ故に、環境公益訴訟は訴訟対象を惹き起こされた生態損害の環境侵害行為に限定し、訴訟目的を「生態損害の塡補」に固定した。伝統的な民事及び行政訴訟モデルを元にして、環境公益訴訟は、名称の上では公益訴訟であるものの、事実上、伝統的私益訴訟の視野から出ておらず、とりわけ「損害の塡補」という目標から出ていないのである。

　生態損害は伝統的な個体利益の損害とは異なる。自然界への過度の排出、すなわち環境汚染は、生態損害を惹き起こす一つの面であるにすぎず、自然界からの過度の取立て、すなわち環境破壊もまた、無視することのできない一面である。環境保護部が 2011 年に出した《環境汚染の鑑定評価業務についての若干の意見【关于开展环境污染损害鉴定评估工作的若干意见】》も過度の排出による生態損害に注意を払っているだけで、過度の取立てによる生態損害を無視しているが、このことは、生態損害に対する認識不足によるものである。環境汚染と環境破壊は、いずれも生態損害の発生原因であるに過ぎず、生態損害は、環境要素の損害が生態機能の破壊を惹き起こすということであり、生態系の紊乱を惹き起こすということであって、その本質は生態利益の損害である。環境要素の損害というのは、環境要素に発生した不利な変化のことであり、例えば、森林が焼毀されるとか、河川が汚染されるといったことであって、生態損害の初歩的な表現である。しかし、もし環境要素の不利な変化が環境の生態の範囲を超過することがなければ、環境は自らの回復能力を頼りに、生態機能及び生態系の損害を惹き起こすことはない。言い方を変えれば、環境要素の損害は、環境の経済的利益及び審美的利益の

損害を惹き起こす可能性があるだけであって、環境の生態利益の損害を惹き起こすとは限らない。「過度」の環境要素の損害があって初めて、生態機能及び生態系の破壊を惹き起こすのであり、自然界からの取立て又は自然界への排出が「過度」であるとき、すなわち生態の範囲を超過するとき、環境の生態機能が調和を失い、生態機能の不調和が、最後には生態系の不均衡と表現されることになる。そして、生態系は一定の時空範囲内における人「類」の生存プラットフォームであり、生態機能と生態系が正常に運行することができなければ、当該生態系の中に置かれている人「類」は、その生存の前提利益、すなわち生態利益を失うことになる。簡潔に言えば、生態機能と生態系の紊乱は環境の生態利益の損害を惹き起こすのであり、これが生態損害の核心である。環境要素の損害が生態利益の損害を必ず惹き起こすというわけではないが、生態利益の損害がひとたび発生すれば、すなわち生態機能及び生態系が破壊されれば、環境要素の損害は挽回し難い状況に至る。こうした意味で、生態損害は、環境要素の損害並びに生態機能及び生態系の破壊と表現することができる。

　環境要素の損害についていえば、塡補に二種類のやり方があり得る。環境要素の過度の取立てに対しては、侵害者は環境要素の回復をしなければならない。これに対し、過度の排出による環境要素の汚染に対しては、侵害者は排出物を完全に取り除いて【清除】、汚染要因を除去する等、しなければならない。これは、環境要素についての「原状回復」というやり方の塡補である。しかし、環境要素の「原状回復」は、どうしても功を奏しない。従って、環境要素の損害の塡補はやはり代替方式、すなわち損害賠償が必要となる。環境要素は物質の形式で存在し、それ自体が経済的価値を有している。従って、環境要素の損害は、経済的利益の損失ということになる。環境要素を回復させることができないという状況下で、環境要素の損害塡補は、経済的価値の補償というやり方を通じて実現することができる。環境要素の損害塡補は、伝統的な損害塡補原則に合致するようである。

　しかし、環境要素に対して価値の賠償を行うことと生態系がうまく展

開することの間には必然の関係はない。環境には、経済的利益、審美的利益、そして生態利益といった三大利益がある。環境要素の経済的利益の損害を塡補することは、環境の生態利益の損害を塡補することと同じではない。経済的利益の損害を塡補することは、生態機能と生態系の損害、すなわち生態利益の損害のさらなる発生を阻止することはできない。たとえ価値賠償を完全に生態系の改善に用いるとしても、人の力の有限性の故に何の足しにもならないであろう。以上のことから、環境要素の損害に対する価値の塡補は生態利益の損害に対する塡補に全くなっていないことが分かる。生態利益損害の核心は、生態系及びその生態機能の損害であり、生態系の面での回復と塡補が生態損害塡補の核心的内容でなければならない。しかしながら、生態機能と生態系についての人々の認識は全くもって有限であり、生態機能と生態系の回復又は塡補のほとんどすべては今日の人の力が支配できる範囲を超えており、人の力を通じて生態系と生態機能を回復することは功を奏し難い。そして、生態利益は、「生態系の、人類の非物質的需要について満足を満たす利益」であり[19]、こうした「非物質的性質の利益」は、経済的価値化を行いようがない利益である。生態系と生態機能に対する「人の力による支配不能性」は、生態利益が労働価値化できないものであることを決定づける。周知のように、原状を回復すること又は金銭により塡補することは、労働価値の具体的表れであって、労働価値化できない生態系に対して価値化を行う原状回復又は金銭塡補は、自己の願いに背く【負心違願】ものである。そして、もし、環境要素の経済利益損害に対する塡補を行うだけで生態利益損害に対しては塡補を行わないのであれば、このような塡補は明らかに、「言、心と違い【言与心違】、事、志と違う【事与願違】」の状態になっている。以上のことから、目下の環境公益訴訟の生態損害塡補という目標は、実際の要求に合致しておらず、さらに論理的推理にも合致していないことが分かる。

（二）環境公益訴訟は、生態損害を予防することが行うべき目標である

損害に対しては、人々は「賠償」という思考に慣れており、賠償は全損害を埋め合わせることができるとされているようである。しかしなが

ら、「損害は必ず完全に塡補しなければならない」という思考は、伝統的な私法領域の中でも、欠点【短板】が存在した。例えば、生命損害は塡補のしようがなく[20] 128-137、健康損害もまた塡補できない。あらゆる損害が塡補できるわけではないことは、否定できないことである。損害の塡補は、「損害は塡補可能である」ということが基本的前提となっている。物質的損害は経済的価値化が可能であり、自ずから経済的価値を通じて塡補を行うことができる。しかしながら、生態損害は、ひとたび発生すれば、人の力で支配できる範囲を超えることがよくある。生態損害は、塡補し難く、甚だしきに至っては塡補できないという特性を持っているのである。

　生態損害の塡補し難いという性質、甚だしきに至っては塡補できないという性質は、主として二つの面で表れる。一は、生態系と生態機能の損害、すなわち生態利益の損害は事後的埋め合わせがしにくいという点であり、二は、加害者が環境要素の損害について飛びぬけて巨額の賠償金を支払うことができないという点である。第一に、生態損害は、生態系の中に含まれるあらゆる生物及び非生物を含む環境要素の、エネルギー移動、物質循環及び情報伝送における紊乱である。現在の人々の生態系に対する認知では、思いのままに生態系の紊乱状態に応対するのになおも不十分であり、害された生態系と機能に対して回復を行うことは、現在の人の力で制御できる範囲をさきほどにも増して超えている。生態系と機能の破壊は、現在の人の力について言えば、それ自体が、回復し難いという性質、甚だしきに至っては回復できないという性質を有している。次に、生態系自体が、「自ら保ち、自ら制御する機能を有している」[21] 90。自然界への排出及び自然界からの取立て、並びに環境要素に対する破壊は、その生態の限界値【閾値】を超えさえしなければ、生態系と生態機能を破壊することはない。しかしながら、生態系がひとたび破壊されれば、それはシステム内の多次元、広範囲の環境要素が破壊されることとなる。経済的価値のことだけを言えば、多次元、広範囲の環境要素の破壊が惹き起こす経済的損失は、必ずや計算し難いものとなろう。計算し難い環境要素の損害が加害者に与えるものは、計算し難い金

銭賠償である。計算し難い金銭賠償は、加害者から言えば、必ずや支払い難い又は支払いが不可能となるであろう。飛びぬけて巨額な賠償金の支払い不能は、結局は、生態損害における環境要素の価値の賠償目標を達成できなくするであろう。環境要素の飛びぬけて巨額な賠償金の支払い不能問題を解決するために、環境損害賠償の社会化という構想を提示する学者もいる[22]。しかしながら、この損害賠償の社会化の本質は、加害者の責任を社会公衆に転嫁するということであり、加害者に対する戒めと相互牽制【制衡】という賠償責任の意味から背離しており、損害賠償の法的責任の本質に背くものである[23]。環境損害賠償の社会化は、生態利益損害に対する賠償を実現できないだけでなく、環境要素の損害賠償について、賠償のあるべき内包を失わせる。要するに、生態損害の二つの面である生態系と生態機能の損害、すなわち生態利益の損害という点と環境要素の飛びぬけて巨額の経済的利益の損害という点は、事後的塡補を手に入れることができないのである。

　2015年に公布された《生態環境損害賠償制度改革の試行規則【生态环境损害赔偿制度改革试点方案】》は、「生態環境損害が回復できないときは、貨幣による賠償を実施し、以て回復に代える。」と規定している。この試行規則は、一定の意味において、生態損害の回復不可能性に気づいてはいるが、依然として、環境保護の願いを貨幣による賠償制度に託している。生態損害は回復され難く、又は回復が不可能であるという性質は、貨幣による賠償では生態損害の回復上、任に堪え難いということを決定づけ、賠償責任が生態損害の回復上、無力であることを決定づけた。事後的救済は、生態損害という既成事実の下での、やむを得ない間に合わせの措置であり、仕方がない策と見るしかない。「不法行為制度の理想は、事後の埋め合わせにとどまらず、現在及び将来の侵害に対しても排除及び予防の方法があるべきならば、最初にその目的を達成することができる」[24] 207。回復し難い、又は回復不可能な生態損害に対しては、いかなる事後的埋め合わせも何の役にも立たず、遅すぎなのである。事前に生態損害の発生を予防することが、生態損害救済制度の最善の策となる。我が国《環境保護法》は、「予防第一【预防为主】」原則を

確立したが、遺憾なことは、「予防第一」原則が確立されて以降も、伝統的な事後的損害塡補思想によって見えなくされていることである。

　2015 年に中国共産党中央と国務院が公布した《生態文明の建設の推進を速めることについての意見【关于加快推进生态文明建设的意见】》は、生態の「保護優先」の原則を、再度、強調した。「予防第一」原則と生態「保護優先」原則は、生態損害の塡補し難い、又は塡補不可能という性質からくる必然の要求である。生態損害の塡補し難い、又は塡補不可能という性質は、生態損害予防の前置性と先決性を決定づけた。損害事実発生の前に、生態損害発生を防止する措置をとって初めて、健康な人類が生存の頼りにしている生態プラットフォームを真に守ることができる。生態プラットフォームを守る最終手段として、環境公益訴訟もまた、生態損害の事前の予防という先決性を堅守して初めて、生態公益の保護目的を真に実現することができ、〔そして〕生態公益をそのあるべき状態で維持することができる。事後の救済制度では生態公益を事前のあるべき状態に回復させることができないとき、環境公益訴訟は、保護の時間的起点を「損害発生後」から「損害発生の虞」へと繰り上げることができるのである。生態公益損害の事後的救済では効果がないのを見るとき、アメリカでは、生態が汚染又は破壊される虞があるとき、民衆に環境公益訴訟が許されている。すなわち、訴訟を提起できるのであり、生態環境をおびやかす行為を初期状態のときに摘み取ってしまうのである[25]。生態公益を適切に保護するためには、生態損害を予防することが環境公益訴訟の目標として最上の選択である、と言わなければならない。

　伝統的な民事訴訟と行政訴訟は個体の権利を根拠とし、個体の私益を保護することを趣旨としているので、「損害の塡補」がその根本的目標である。「損害の塡補」という目標は「損害事故が発生しなかったときにあるべき状態」に戻すことである[26] 14-16。伝統的な刑事訴訟は国家権力を根拠とし、国家の利益を保護することを趣旨としているので、侵害者を「戒める」ことが刑事訴訟の根本的目標であり、「刑事訴訟は国家刑罰権を実行する活動である」[27] 6。しかしながら、環境公益訴訟は、「損害

事故が発生しなかったときにあるべき状態」を実現することができないのみならず、「国家刑罰権を実行する」こともできない。できることと言ったら、塡補し難い、又は塡補できないという性質を持つ生態損害を初期状態で消滅させて、生態公益が「損害事故が発生しなかったときにあるべき状態」にあるのを確保することだけである。「塡補し難く、甚だしきに至っては塡補できない」という環境公益損害の特殊性に起因して、環境公益訴訟の「損害予防」という目標は、伝統的な訴訟の「損害の塡補」又は「戒める」という目標とは完全に「異種類」のものとなっている。

　表現形式がいかなるものであれ、損害予防の本質は、まさに進行中にして、損害を発生させる虞のある侵害行為を停止させることである。しかしながら、生態損害を発生させる虞のある侵害行為は、行為者の経済的行為であることがよくあり、行為の停止が当を得ていれば、生態利益は保護を手に入れる。行為の停止が適切でなければ、個体の経済的利益は損害を受ける。経済的行為が生態損害を発生させる虞を有するか否かの判断は、ことのほか重要であるように思われる。もし、訴えられた行為が、回復し難い、又は回復不可能な生態損害を惹き起こすのであれば、訴えられた行為を停止させることは十分な理由があることになり、環境公益訴訟はその正当性を有する。英米法系国家において、損害予防は、主として禁止令制度（injunction）の中で表れる。永久性を持つ禁止令は侵害結果の回復不可（irretrievable）を基本的条件としており、永久禁止令制度と環境公益訴訟の予防目標とには、同工異曲の見事さがある。このことから、環境公益訴訟の中へ禁止令制度を導入することを打ち出す学者もいる[28]。そして、実務においては、昆明市検察院と昆明市中級人民法院の《環境民事公益訴訟事件を処理するに際しての若干の問題についての意見（試行）【关于办理环境民事公益诉讼案件若干问题的意见（试行）】》と昆明市検察院と昆明市公安局の《環境保護刑事事件を処理するに際して集中管轄を実行することについての意見（試行）【关于办理环境保护刑事案件实行集中管辖的意见（试行）】》は、全国で初めて「禁止令」制度を打ち立てた。しかしながら、訴えられた行為を停止さ

せる正当性の問題を解決しなかったならば、裁判所が出す禁止令の合理性ないしは合法性は疑わしいものがある。もし、訴えられた行為の正当性問題が解決されたならば、生態損害が発生する虞のある行為について、裁判所は、伝統的な裁判方式をとる場合であれ英米法系の禁止令方式をとる場合であれ、損害予防という目標の実現に影響しない。禁止令制度を導入することは、やはり、質疑するに値する。

　訴えられた行為の停止の正当性問題は、すなわち、訴えられた行為が生態公益について回復し難い、又は回復不可能な損害を惹き起こすかどうかということであり、これは社会科学が担当できる任務ではなく、むしろ自然科学が解決すべき問題である。この問題の解決に際しては、完全な相応の鑑定制度によるところが大きい。2015年に公布された《生態環境損害賠償制度改革の試行規則》と2011年に公布された《環境汚染の鑑定評価業務に関する若干の意見》は、環境の現実損害の鑑定に立脚点を置くだけで、環境侵害の将来の損害の鑑定は無視している。これは、「先ず汚染、後に処理【先汚染后治理】」思想が鑑定制度上に残した害毒であり、伝統的な損害塡補思想が鑑定制度上に浸透しているのである。このような「目の前のことだけを見て、将来を見ず」の思想は、環境保護の「予防第一」原則から乖離している。生態公益の予防という保護のためには、将来の生態損害鑑定制度を後押しする必要がある。

五　結語：環境公益訴訟制度構築に対する、非伝統性という価値の具体的表れ

　伝統的民事訴訟及び行政訴訟は、個体の利益の保護を基礎としており、刑事訴訟は国家の利益の保護を基礎とするものの、国家の利益も、国家の私有性の故に個体の利益というべきである。伝統的な三大訴訟は、いずれも、個体の利益を論理の起点及び終点としており、個体の権利（権力）をめぐって展開されているので、個体が論理の基礎となっている。しかしながら、生態という公益は、私有化され得ない総体であり、生態という公益を享有する公衆もまた個体化され得ない総体であっ

て、公衆が持つ生態という公益は環境公益訴訟の論理の起点及び終点で
あるから、公衆という総体がその論理の基礎となる。総体を論理の基礎
とする新型の権利の根拠、新型の法律関係及び新型の訴訟目標は、環境
公益訴訟の、伝統的訴訟とは「別類」の非伝統性をはっきりと写し出す。
環境公益訴訟の非伝統性が環境公益訴訟制度の構築を要求する際には、
伝統をそのまま踏襲することはできず、事に応じて導いて行かねばなら
ない。

　先ず、環境公益訴訟の「別類」の本質を明確にして、環境公益訴訟と
三大伝統的訴訟を区別しなければならない。伝統的な行政及び民事訴訟
は、典型的な私益訴訟であり、環境公益訴訟には民事という説も行政と
いう説もなく、環境民事公益訴訟と環境行政公益訴訟に分けることはで
きない。伝統的刑事訴訟は国家の利益を保護するための訴訟であり、環
境公益訴訟上、国家公共利益の側面における「公訴権」と社会公共利益
の側面における「公（益）訴権」とを混淆することはできない。前者は
権力であり、後者は権利である。

　第二に、環境公益訴訟の実質的原告と形式的原告とを区別しなければ
ならない。環境公益訴訟は公衆の環境権が害されたことの救済手段であ
る。不法行為者が環境権を侵害したか、又は侵害する虞があるときに、
環境権の主体、すなわち公衆「∞」と不法行為者「1」の間に形成され
る法律関係は、環境公益訴訟の基礎的関係である。これにより、不法行
為者「1」が被告であり、公衆「∞」が原告となる。それと同時に、公
衆の構成員は、成分利益の故に生態公益保護権等の環境構成員権を享有
し、環境公益訴訟を提起する権利を持ち、原告の身分をも享有する。し
かし、環境公益訴訟の論理的流れの中で、公衆総体が論理の基礎であ
り、訴訟利益は公衆に帰属し、公衆の構成員には帰属しないのである。
公衆の構成員が環境公益訴訟を提起することは、不法行為者と公衆総体
との間の関係を貫通する橋を架けているに過ぎない。これは、公衆の構
成員が公衆総体のために「先頭に立って」起こす訴訟である。このこと
から、公衆の構成員は形式的原告であるに過ぎず、公衆総体が実質的原
告であることが分かる。実質的原告と形式的原告を分ける源は公衆の生

態公益と構成員の成分利益の区別に由来し、両者は総体と部分の関係でもある[(6)]。生態公益と成分利益の区別は、「直接的な利害関係」上で、二種類の利害関係となって現れる。すなわち、一に、総体の意味での一定の時空範囲内における公衆の、生態公益に対する利害関係であり、二に、部分の意味での公衆の構成員の、生態成分利益に対する利害関係である。

　形式的原告は、数から言うと多いが、しかし、実質的原告がただ一人という状況の下では、個別の構成員が訴訟を提起した後は、その他の構成員は、意見募集という形で訴訟に参加し、環境公益訴訟の避けて通ることのできない手続となった。それと同時に、形式的原告は成分利益を享有するだけで、独立して生態公益を享有するわけではないので、生態公益を処分する行為は形式的原告の構成員権の境界を超え、民事訴訟法の中では、「当事者が法律の規定の範囲内で自己の民事的権利及び訴訟的権利を処分する権利を有する」[(29) 12] が故に当然に成立する自認、反訴、和解等の制度は、そうであるが故に環境公益訴訟においては存在しようがない[(7)]。人間の私利の本性の故に、訴訟コストは形式的原告が環境公益訴訟を提起するのを妨げるポイントであり、形式的原告の訴訟コストの転移が不可欠である。まず、形式的原告が訴訟費用を納める義務を免除すべきである。これは、形式的原告に対して訴訟を起こすことの激励となり、国は社会的利益を保護するために財政的援助を与えるべきである。次に、敗訴した被告は、訴訟費用を含めて形式的原告のあらゆる訴訟コストを引き受けなければならない。これは、敗訴した被告が社会的公益を侵害したことで当然に負担しなければならない不法行為コストである。当然のことながら、形式的原告が敗訴したときは、その他の訴訟コストも自ら負担しなければならない。これは、形式的原告に対して濫訴を行う可能性を制約していることになる。

　最後に、予防を目標とする責任制度、すなわち予防責任制度を構築しなければならない。訴訟制度は責任制度を基礎とし、責任制度は訴訟制度によって保障される。責任制度は訴訟目標を実現する前提である。伝統的な賠償責任制度は事後の「損害の塡補」という目標を実現する基礎

であるのに対して、予防責任制度は事前の「損害の予防」という目標を実現する基礎である。環境公益訴訟は「損害の予防」を目標としており、予防責任制度の基礎を確立し、侵害の停止等の予防責任の形式を明確にしなければならない。予防責任を明確化することで、公衆及びその構成員は、環境公益訴訟という手段を通じて生態公益を「優先的に保護」することができ、「予防第一」という目標を実現することができる。こうして、予防責任制度の確立は、環境公益訴訟の「損害の予防」という点が目標から現実に転化するのに必要な前提である、ということが分かる。

　予防責任は、生態公益の保護及び行為者の経済的な自由に対して、価値判断と考量を行なった結果である。塡補のできない生態公益と個体の経済活動の自由との間で、生態公益は当然に優先されることになり、経済活動の自由は、生態公益に対して損害を加えないということが前提となる。このことから、経済活動を行う者は、その経済活動が生態公益に対する損害を惹き起こさないことを証明する義務を負うことが分かる。この義務は、伝統的な手続法上は、立証責任の転換と表現され、目下の実体法上では、主として、環境アセスメント【環境影響評価】制度上において現れる。表現形式の如何を問わず、当該義務の本質は、生態損害の発生を予防することである。当該義務の違反の責任が予防責任であることは明らかであり、まさに進行中の環境影響行為が生態公益に対して実質的損害を惹き起こすことを防止することである。当然のことながら、まさに進行中の行為が生態公益に対する実質的損害を惹き起こすか否かは、将来の生態損害評価制度【生态损害鉴定制度】の後押しにかかっている。将来の生態損害評価制度は、現在、進行中の経済活動に対するものであるのに対し、環境アセスメント制度は、経済活動の前の制度である。このことから、環境公益訴訟の「損害の予防」という点が目標から現実に転化するのに、環境アセスメント制度と立証責任の転換の後押しが必要であるだけでなく、将来の生態損害評価制度等を組み合わせることも必要であることが分かる。

　要するに、環境公益訴訟の非伝統性が環境公益訴訟制度の構築を要求

しても、古い習慣にとらわれて、新しいものを作り出すということができていない。その非伝統性に依拠して初めて、環境公益訴訟制度はその実体権の根拠を有することができるのであり、「権利の空白」の故に真正の利益の享有者のことを考慮しないということはあり得ない。その非伝統性に依拠して初めて、環境公益訴訟制度の構築は系統性を有することになり、いわゆる「訴権社会化」を以て公益訴訟を私益化を進める制度として構築してしまうことはあり得ない。そしてまた、その非伝統性に依拠して初めて、環境公益訴訟制度は、伝統的な「損害の塡補」を唯一の基準とすることはあり得ず、「先ず汚染、後に処理」を徹底的に行うことができるのであり、さらには、法律関係の基本的理論を考慮しないで公益訴訟制度の理論におけるしっくりこない状態に至ることもないのである。

(1) ドイツ法上の団体訴訟は、1908年の《不当競争防止法》が産業団体に不正競争を阻止する訴訟提起資格を与えたことが起源である。後に環境法領域に拡大され、当局によって認可された非政府環境保護組織に自然を保護する訴訟提起資格を与えた。参見夏云娇：《西方两大法系环境行政公益诉讼之比较与借鉴》，《湖北社会科学》，2009年第5期。アメリカの「私人検察総長」理論によれば、「官吏の違法行為が発生したとき、この違法行為を止めるために、議会は一人の公共官吏、例えば検察総長に、公共の利益を主張して訴訟を提起する権限を与えることができる。このとき、実際に存在する争いがあった。それと同時に、議会は、一人の官吏に訴訟を提起する権限を与えるのではなく、制定法が私的団体に訴訟を提起する権限を与えて官吏の違法行為を止めることもできる。このとき、検察総長の場合と同様、実際の争いの存在がある。憲法は、議会が、官吏であれ非官吏であれ、この種の争いに対して訴訟を提起する権限を誰かに与えることを禁止していない。たとえこの訴訟の唯一の目的が公共の利益を主張することであっても可なのである。このような権限が与えられる者のことを、私人検察総長と呼ぶことができる。」参見王名扬：《美国行政法》，中国法制出版社1995年版，第627-628页。イギリスの裁判官も、「法は、利害関係のない、又は直接利害関係のない住民に対して、一つの地位を探し当てる方法を考えなければならない。そうすることで、政府内部の不法行為を防止するのである。さもなくば、このような不法行為に反対する有資格者がいなくなってしまう。」と解している。参見〔イギリス〕威康　韦德：《行政法》，中国大百科全书出版社1997年版，第365页。

(2) ある学者の考えるところによれば、環境権は公衆の環境利益を守る法的基礎であり、根拠である。環境公益訴訟は環境権を侵害したことにより惹き起こされる訴訟であり、侵害された環境権に対して救済を行う主要な手段である。参見蔡守秋：《从环境权到国家环境保护义务和环境公益诉讼》，《现代法学》，2013年第6期。

(3)　目下のところ、構成員権又は社員権の研究はかなり手薄である。我が国の構成員権研究は主として次の２項目に集中している。すなわち、一に、農村集団の構成員権、二に、建物の区分所有権の下での構成員の権利である。国を除いて、土地所有権を享有することができるのは、農村集団だけである。農村集団というこうした総体性の概念の下で、農村集団構成員（個人であるかもしれないし、世帯であるかもしれない。）の権利とはいったい何なのかについて、いまに至るまで、論理にかなった共通認識に至ることができていない。学術的研究がほとんどない中で、農村集団構成員権は、人身権又は財産権といった民事上の権利として規定されることが多い。そして建物の区分所有権は所有者の総体性、関連する問題の公共性を説明するのが難しく、その構成員権もまた、完全に民事上の権利の範疇の中で固定される。ドイツ法上の構成員権は、主として《ドイツ民法典》第38条で具体的に現れており、民事上の権利という属性をはっきりと表している。総体の権利から派生した権利として、公共利益の中で独自に成立しえない成分利益として権利化された結果、構成員権の民事権利化された実質は、農村集団、居住区集団等の総体に対する否認であり、総体に対する個体化の復元【化約】であり、公共性を持つ総体の権利に対する「強行的な」私有化である。農村集団経済の没落と構成員権の没落は正の相関関係がある。

(4)　《中華人民共和国民事訴訟法》第２条は、「本法の任務は、当事者が訴訟権を行使するのを保護し、人民法院が事実を明らかにし、是非を見分け、正確に法を適用し、民事事件につき時宜にかなった審理を行い、民事権利義務関係を確認し、民事違法行為に制裁を加え、当事者の合法的権益を保護するのを保証し、公民が自覚して法を遵守することを教育し、社会秩序と経済秩序を守り、社会主義建設の事業が順調に進行することを保障することである。」と規定している。「当事者の合法的権益を保護」することが民事訴訟の核心である。《中華人民共和国行政訴訟法》第１条は、「人民法院が公正、適時に行政事件を審理し、行政論争を解決し、公民、法人及びその他の組織の合法的権益を保護し、行政機関が法に基づき行政権限を行使するのを監督することを保証するために、憲法に基づいて本法を制定する。」と規定している。「公民、法人及びその他の組織の合法的権益を保護」することが行政訴訟の核心である。行政訴訟であれ、民事訴訟であれ、個体としての公民又は組織の合法的権益を保護することが主要な目的であり、典型的な私益訴訟である。

(5)　目下の環境公益訴訟実務は、一方で、伝統的な民事訴訟及び行政訴訟のモデルに従っており、環境公益訴訟を環境民事公益訴訟と環境行政公益訴訟に分けている。他方で、伝統的な訴訟の基礎から離れ、伝統的な民事訴訟及び行政訴訟における自然人訴訟主体適格を否定した。

(6)　国家公共利益の保護を目的とする刑事訴訟も似たような内容を有している。すなわち、検察機関が公訴人として形式的原告となることで、国家が実質的原告となることができる。異なる点は、公訴機関は公訴権に基づいているのであり、環境公益訴訟における公衆構成員は構成員権に基づいているという点である。

　構成員は公衆を代表して訴訟を提起し、検察機関は国家を代表して訴訟を提起するという点が、民事訴訟法における代表訴訟と異なる。代表訴訟は、個体の利益を基礎とし、個体の権利を根拠とする私益訴訟であり、「AがBを代表する」という関係は、相互に独立した個体の間の関係である。社会又は国家公共利益を基礎とし、総体の権利又は公共権力を根拠とする訴訟において、構成員が公衆を代表し、国家機関が国家を代表するという点は、部分と総体の関係

である。

(7) 反訴は民事訴訟に特有の現象である。環境公益訴訟は、環境公益民事訴訟と環境公益行政訴訟に分けられる。伝統的な民事訴訟の思考に基づけば、目下の環境公益訴訟実務は反訴問題を考えざるを得ない。このことから、《最高人民法院による環境民事公益訴訟事件審理に適用される法律の若干の問題に関する解釈【最高人民法院关于审理环境民事公益诉讼案件适用法律若干问题的解释】》は、第17条で特に反訴禁止の規定を置いた。実際には、刑事訴訟や行政訴訟と同じく、環境公益訴訟それ自体には反訴問題は存在しない。

〔訳注1〕四人とも古代の聖王である。
〔訳注2〕この『商君書』の訳については、佐立治人「法令は民の命なり——『商君書』定分篇の罪刑法定主義——」関法第65巻第4号（2015年）10頁以下参照。

参考文献

〔1〕　中共中央马克思恩格斯列宁斯大林著作编译局．马克思恩格斯选集(第2卷)〔M〕．北京：人民出版社，1972．

〔2〕　史尚宽．民法总论〔M〕．台北：台北正大印书馆，1980．

〔3〕　李爱贞．生态环境保护概论〔M〕．北京：气象出版社，2005．

〔4〕　〔アメリカ〕纳什．大自然的权利〔M〕．转引自汪劲．环境法律的理念与价值追求〔M〕．北京：法律出版社，2000．

〔5〕　李爱贞．生态环境保护概论〔M〕．北京：气象出版社，2005．

〔6〕　郝铁川．中国法制现代化与移植西方法律〔J〕．法学，1993，(9)：1-4．

〔7〕　武天林．马克思主义人学导论〔M〕．北京：中国社会科学出版社，2006．

〔8〕　罗斯科　庞德．法理学〔M〕．廖德宇，译．北京：法律出版社，2007．

〔9〕　谢怀栻．论民事权利体系〔J〕．法学研究，1996，(2)：67-76．

〔10〕　李宜琛．日耳曼法概说〔M〕．北京：中国政法大学出版社，2003．

〔11〕　〔アメリカ〕唐　布莱克．社会学视野中的司法〔M〕．郭星华，等译．北京：法律出版社，2002．

〔12〕　李勇强，孙道进．生态伦理证成的困境及其现实路径〔J〕．自然辩证法研究，2013，(7)：73-77．

〔13〕　马怀德．行政诉讼法原理〔M〕．北京：法律出版社，2003．

〔14〕　魏东．刑法观与解释论立场〔M〕．北京：中国民主法制出版社，2011．

〔15〕　陈光中，徐静村．刑事诉讼法学〔M〕．北京：中国政法大学出版社，2002．

〔16〕　吴彩斌，雷恒毅，宁平．环境学概论〔M〕．北京：中国环境科学出版社，2005．

〔17〕　刘庸．环境经济学〔M〕．北京：中国农业大学出版社，2001．

〔18〕　〔オランダ〕格老秀斯．战争与和平法〔M〕//西方法律思想史资料选编．北京：北京大学出版社，1982．

〔19〕　邓禾，韩卫平．法学利益谱系中生态利益的识别与定位〔J〕．法学评论，2013，(5)：109-115．

〔20〕　刘清生．论侵害生命权的损害赔偿〔J〕．西南交通大学学报(社会科学版)，2008，(6)

: 128 - 137.

〔21〕　柳劲松，王丽华．环境生态学基础〔M〕．北京：化学工业出版社，2003.

〔22〕　黄中显．环境侵害救济社会化制度的路径选择〔J〕．学术论坛，2014, (1) :125 - 128.

〔23〕　刘清生．论生态民事责任的特殊性〔J〕．福州大学学报(哲学社会科学版)，2016, (5) : 83 - 85.

〔24〕　史尚宽．债法总论〔M〕．北京：中国政法大学出版社，2000.

〔25〕　胡中华．论美国环境公益诉讼中的环境损害救济方式及保障制度〔J〕．武汉大学学报(哲学社会科学版)，2010, (6) : 930 - 935.

〔26〕　曾世雄．损害赔偿法原理〔M〕．北京：中国政法大学出版社，2001.

〔27〕　张建伟．刑事诉讼法〔M〕．杭州：浙江大学出版社，2009.

〔28〕　李义凤．论环境公益诉讼中的"诉前禁令"〔J〕．河南社会科学，2013, (6) : 16 - 18.

〔29〕　张艳，张建华，刘秀凤．民事诉讼法学〔M〕．北京：北京大学出版社，2009.

第4章　行政機関が提起する生態環境損害賠償訴訟の正当性と実行可能性

梅宏、胡勇

矢沢久純　訳

要　旨：行政機関が提起する生態環境損害賠償訴訟の正当性は、そ
　　　　れが行政権と司法権が相互に協力することで国家の環境保護
　　　　の義務を履行し、環境保護の目標を達成することの実践であ
　　　　るということを起源とする。完全な生態環境損害賠償制度を
　　　　確立することは、司法が実際に必要とする事柄に立脚するも
　　　　のでなければならず、行政権と司法権を訴訟のそれぞれの段
　　　　階において合理的に配置することを通じて、行政機関が提起
　　　　する生態環境損害賠償訴訟において、判決の効率をさらに高
　　　　め、執行の強度をさらに強くするのである。そのためには、
　　　　訴訟の提起と推進、判決を下すこととその執行といったすべ
　　　　ての過程において完全な制度を建設しなければならない。

キーワード：生態環境損害、賠償権利者、行政権、司法権

　2015 年 12 月、中央弁公庁と国務院弁公庁は、《生態環境損害賠償制
度改革の試行規定案【生态环境损害赔偿制度改革试点方案】》(以下、《試
行規定案》という。) を発行し、生態環境損害 [1] の賠償権利者は、国務院
の授権を経た試行地方省級政府であることをはっきりと定めた。行政機
関が生態環境損害賠償権利者として正当性を有するかどうか、これは、
生態環境損害賠償制度を構築する際に答えなければならない問題であ
る。行政機関がいかに賠償権利者の職責を行使するのかは、これまた、
生態環境損害の賠償請求の評価鑑定、修復の賠償、資金の使用といった
後続の作業の展開を直接、決定する。本稿は、こうした問題が直面する
主要な理論的争いと実際の疑義について分析を行い、司法実践における

必要と立法者の意図を結び付けることを試みる。そして、行政機関が提起する生態環境損害賠償請求訴訟の具体的な実施の仕組みを検討して、《試行規定案》の実施のために建議を行う。

一　行政機関が提起する生態環境損害賠償請求訴訟についての理論的争いと実際の疑義

　行政機関を生態環境損害賠償権利者にさせるという改革の主張は、何の根拠もなく行なっているわけではなく、《海洋環境保護法【海洋环境保护法】》第 90 条第 2 項 [(2)] は、法により海洋環境監督管理権を行使する部門が国家を代表して有責の者に対して生態環境損害賠償を請求することについて、法的根拠を提供している。当然のことながら、行政機関が提起する生態環境損害賠償は、規定と司法実践があったが故に正当性を有していたということはないであろう。むしろ、効果のレベルが比較的低い規定と、実践の中で表面化した問題は、しばしば、行政機関が提起する生態環境損害賠償の研究者たちが非難する内容についての疑義となっている。

(一) 疑義一：行政機関が提起する生態環境損害賠償には、力強い法理的根拠が欠けている

　行政機関が生態環境損害賠償を提起することを支持する学者は次のように考える。すなわち、都市の土地、森林、草原、鉱物資源、河川、漁場等の自然資源は国家の所有に属し、検察機関、公民個人、公益組織、特定の行政機関は、国家の所有権を守るという立場から、環境資源を破壊する行為に対して公益損害賠償請求を提起できる [1]。それに対して、反対の論者は、国家所有権を守るということは、行政機関が有している訴訟提起権の法理的根拠としては不十分であると考える。一方で、行政機関が国家所有権に基づいて提起する訴訟は、「公益」という性質を有するのかそれとも「私益」という性質を有するのか明確にするのが難しい [2]。環境という利益が広い意味での公共利益に属するとしても、所有権というこの「物権性権利」を根拠に提起する訴訟は明らかな私益の救

済という特徴を有しており、私人がその所有する財産が他人によって毀損されたときの救済に類似している。このことから、行政機関が提起する損害賠償訴訟は公益訴訟の関係制度を必然的に適用できるわけではないし、伝統的民事不法行為理論もまた、行政機関という原告主体に対して、不法行為責任の追及の論理にかなった解釈を与えるのは困難である[3]。いま一方で、土地、森林、草原、河川、海域等は、資源という要素の属性を有しているだけでなく、環境という要素の属性をも有しており、それらは一定の範囲の生態システムの重要な構成要素である。経済資源として、これらの要素は国家の所有に帰し得るが、法律は、国家は生態環境の所有者であるとは規定していない。そこで蔡守秋教授の考えによれば、大気、河川、海洋、森林及び荒れ地といった環境及び資源は、不特定多数者が非排他的に使用することができる「公衆共用物」であり、私人の所有又は政府の管理の権力による規制を排除すべき、とする[4]。以上の二つの方面の疑義から見れば、行政機関が国家所有権を基礎にして提起する生態環境損害賠償の法理上の根拠は、それほど力があるわけではない。

（二）疑義二：行政機関は生態環境損害賠償訴訟の原告として、行政権と司法権の地位のずれ【錯位】を惹き起こす

　行政機関が原告として生態環境損害賠償訴訟を提起することで、「環境という公共の利益の業務において実際に、二つの構造が類似し、機能の重複した法手続きに変化させられ」[5]、行政権と司法権の地位のずれを惹き起こす。憲法原理に基づいて、各種の国家公共権力の関係上、政府の立法系、行政系及び司法系は、機能性に相違があるが故に、異なる公共的任務を受け持ち、異なる公共的権力を行使しているのであって、相互間で自らの職務の範囲を超えてはならない[6]。職権区分上、環境公共事務を管理する責任を負うのは、環境行政主管部門であって司法機関ではない。環境行政主管部門は、人員編成、財政資金、技術支援を有しており、管理制度を定めて法律を執行することが、管理・制御を実施する手段となる。行政権力が動員することのできる資源は、生態環境損害の後続的賠償と回復業務に応対する能力がある。「能動的司法が環境を

103

保護する」という理念を貫徹する中で、事件を主導しプロセスを推進するのは、人民法院であって行政機関ではない。行政機関は、訴訟手続の発起者と、あるいは落ちぶれて、裁判所が調査して証拠を集め、被告に対して「糾問」をするのを受動的に協力する補助者と見られるに過ぎない。これは、直接、行政資源が十分には動員され得ず、むしろ部分的に使われないで放置されるという局面を出現させ、他方で有限の司法資源は大量に使われ、環境法治は、異なる主体の役柄の分業の中で、混乱状態の様相を呈する。

（三）疑義三：「政企共謀【政企合謀】」と損害法治精神のリスクが併存している

《行政機関が提起する環境損害賠償訴訟にとっての一大憂慮は、「政企共謀」である。すなわち、汚染者かつ生態破壊者である企業は、しばしば地方の多額納税者でもあり、その当地のために就業機会と財政収入を作り出している。「GDP 至上」という政治実績観の主導の下で、地方の役人は、審査と昇進を考慮して、汚染企業と一致する利益を追求することにより、双方は容易に「共謀」が成立し、汚染者が責任を逃れるに至る。この他にも、「安定がすべてに優先する」という政治構造の中で、もし厳格に汚染者の責任追及をすれば、社会が不安定となる要因に触れることとなり（汚染企業が賠償のプレッシャーの故に倒産手続に入れば、大量の失業者が発生するに至る。）、地方政府は「安定維持」のほうに傾いて、汚染者の責任を減免する。以上の憂慮から、「政府謀利論【政府謀利論】」を帰納することができる。すなわち、地方政府と関係部門は、自身の利益（経済的利益と政治的利益がある。）から、環境法の有効な実施を妨害し、阻止する[7]。「政府謀利論」が「政企共謀」を憂えるのとは逆に、いま一つの憂慮は、政府と人民法院が汚染企業に対する「共同攻撃【联合打】」である。行政機関に環境公益訴訟において原告にならせることは、実質的には、もともと存在している行政法関係を民事法関係にねじ曲げることであり[6]、原告・被告双方の実質的に不平等な地位は正されない。こうした憂慮が現実となれば、汚染者にとっては、絶対的に優位な地位にある行政機関が一旦、司法機関と連携し、生態環

境損害賠償訴訟を、いかなる心配も存在しない通過過程に発展変化させる。このことは、疑いなく、法治精神と司法の公正を傷つけることになる。行政機関が生態環境損害賠償訴訟を提起するとき、上述の２種類の憂慮は共存はするが矛盾はしない。個別事例の段階において、政府と企業の「共謀」あるいは裁判所との連携が発生する可能性があるので、このことは、地方政府が、経済発展、社会の安定、環境保護の間の比較と取捨をすることと直接、関係がある。

　以上の三点の疑義は、実際上、行政機関が提起する生態環境損害賠償訴訟の正当性と実行可能性についての三つの側面での問題に触れている。(1) 法理の側面。行政機関が生態環境損害賠償の権利者となる法理的根拠は何なのか、これはその正当性の根源である。(2) 立法の側面。行政機関が民事訴訟の原告となることが憲法原理下で行政権と司法権は相対的に独立しているという安定的状態に対する突撃となることをいかに合理的に説明するのか、行政機関が提起する生態環境損害賠償訴訟と社会組織又は検察機関が提起する環境公益訴訟との間の関係をいかに調整するのか、これらはその正当性を証明する重要な根拠である。(3) 現実の側面。行政機関が提起する生態環境損害賠償訴訟が環境法治の改善に対して積極的影響を生み出すことができるかどうか、どのような制度を設計すれば「政企共謀」又は「共同制圧【联合打压】」のリスクを避けることができて、合理的に現有の法制度と繋ぐことができるのか、これらはその実行可能性を論証するのに避けようがない現実的問題である。

二　現有の疑義の解消と理論的再構成

　《試行規定案》によれば、生態環境損害とは、「環境を汚染し、生態を破壊することにより、大気、地表水、地下水、土壌等の環境要素及び植物、動物、微生物等の生物要素の不利な変化を惹き起こすこと、並びにこれらの要素が構成する生態系統機能の退化を惹き起こすこと」を意味する。生態環境損害賠償訴訟が救済する利益の直接性とその本質を認識することは、我々が環境法学理論の体系内で行政機関が提起する生態環

境損害賠償訴訟の正当性を論証する前提である。

（一）　行政機関が生態環境損害賠償を請求する正当性は、国家の環境保護義務を起源とする

《試行規定案》によれば、試行地方省級政府は、国務院の授権を経た後は、その行政区域内で生態環境損害賠償権利者となる。これは、行政機関に生態環境損害賠償訴訟を提起させることが一つの権利の付与であるということを意味しているようである。権利という話の下では、この導出は、二つの追及に直面する。すなわち、第一に、この権利の性質は何か、第二に、それが主張する利益は何か。生態利益の公共性、非排他性か。私法という言葉の体系における国家所有権理論では、この二つの追及に対して回答するのが難しい。法学の領域の権利に対する研究は各人各様であるとは言え、権利の起源と発展から見れば、それは終始、個体の利益のために奉仕するものである[3]。では、行政機関が提起する生態環境損害賠償訴訟は、自分自身の利益によるものなのか。全体から見れば、経済の発展、社会の安定、環境に優しいといった利益は、人民全体の利益であって、政府それ自身の利益ではない。部分から見れば、指導者職の栄転や所属部門の業績の審査といった政府部門の利益の中に、明らかに生態利益は含まれていない。このことから推論すれば、行政機関が提起する生態環境損害賠償訴訟は権利保護の訴訟ではないのであり、その理由は、それ自体、いわゆる権利ではないからである。この種の訴訟は訴訟提起者が何らかの利益を勝ち取るためのものではなく、ある種の「高尚な訴訟」である[8]。行政機関が行使する訴訟提起権が自己の利益のためではなく、集団（人民全体）の利益のためであるとき、こうした権利の行使は、実際上、個体が集団に対して負う責任となる。まさにイェーリングが述べるように、「もし社会秩序を擁護することが目的なのであれば、個々人が権利を主張するのは権利者が社会に対して負っている義務に他ならない」[9]。そして、行政機関が負っているこのような責任は、国家権力による、自国の良好な生存、環境の発展に対する擁護であり、生態の総体の状況を改善する義務である。

法律の文言上は、国家の環境保護義務という、憲法上の直接の表現

は、各国憲法の中に一般的に存在する環境の基本的国策条項である。現在のところ、すでに 105 ヶ国が憲法の中に環境の基本的国策条項を入れており、環境保護における国家の責任を明確にしている[10]。中国もこれに含まれ、《憲法》第 26 条が明文で規定している。1990 年に公布された《環境保護業務の一層の促進に関する国務院決定【国务院关于进一步加强环境保护工作的决定】》は、直接に明記している。すなわち、「生産環境及び生態環境を保護・改善し、汚染及びその他の公害を予防することは、我が国の基本的国策である。」立法の現実から見ると、環境権の客体、内容が規範のレベルでは明確さを与えにくいので、特定化した、そして統一的な環境利益が存在するか否かについても議論があり、伝統的構造での「環境基本権──国家環境保護義務」という憲法関係は証明しがたい。国家環境保護義務を「国家目標条項」と位置付けることは、現行《憲法》規定と国家の基本的国策に対する比較的合理的な解釈である[11]。憲法の中の環境保護条項を独立した国家目標と見ることは、国家権力及びその行使もまたこの目標の制限を受けるということを意味しており、こうした制限は立法権や行政権だけでなく、司法権ないしは法律監督権にも作用する。「環境を保護・改善する」という憲法の目標の先導で、異なる類型の国家権力がそれぞれの運行方式を通じてこの目標を実行する。国家の政治体制と基本制度は、異なる国家権力間に相互の独立と牽制があることを決定するが、しかし、この種の「独立」は、越えることができない障壁ではない。憲法の目標を一層うまく実現していくために、異なる国家権力の協力運行も必要となる。改正された《環境保護法》が定める「日割り罰金」制度のように、環境保護の法律執行の威嚇力を大いに強化したことは、立法権と行政権の協力を具体的に表している。検察機関が特定の場合に環境民事又は行政公益訴訟を提起することができるということは、法律の監督権と司法権の間の協力を具体的に表している。同じ理からして、行政機関が提起する生態環境損害賠償訴訟が体現しているものは、行政権と司法権の協力である。こうした理解を基礎とすれば、行政機関が行う生態環境損害賠償は、行政機関が憲法の目標をさらに実現するために積極的に履行する義務と見ることがで

き、行政権と司法権の協力が行う試みを探し求めることと見ることができる。これまた、行政機関が提起する生態環境損害賠償の正当性の根拠である。

（二）行政機関が提起する生態環境損害賠償は、行政資源と司法資源の合理的配置に有利である

　疑義二の観点とは逆に、行政資源と司法資源の最適化の配置という観点に立つと、行政権に環境司法の中でさらに大きな責任を負わせることは、司法権と行政権の「地位のずれ【错位】」でないばかりか、ある意味、「原点回帰【归位】」である。目下の中国の行政権力は優勢であるのに、環境行政の法律執行は全般的に力を尽くしていないという特殊現象の故に、環境保護を実現するという目標は、主として行政権力の規範や督促に向けられている。その方式は、主として公民個人や関係組織が環境汚染問題の故に行政主管機関に対して行う摘発や告発を含み、公民や関係組織が環境保護機関の具体的な行政行為に対して提起する行政訴訟等を含んでいる。公民個人であれ、社会組織であれ、また検察機関であれ、行政機関の監督や督促について、一つの例外もなく、司法手続の中に入る。一定の意味で、それらは、「能動的司法」の観念の影響の下で、人民法院が環境保護事業に対して自発的に作為を行う願望を具体的に表している。そして、司法の実際の活動の過程において、人民法院はよく、自発的に環境汚染事件の処理過程に介入する。行政権力の運行にとって、多くの面の要求と制限があり、裁判所が環境保護行政機関に対して事件と関係する資料を提出するよう要求することができるように、環境保護行政機関の共同組織と話し合って環境修復の要望を出すことができ、監督管理部門の意見や専門家の意見を参考にして賠償範囲及び額を画定することができる[(4)]。以上のことから分かることは、行政機関の処理の前置手続が欠けているために、能動的司法は、元々、行政機関が行わなければならない職能を大幅に代行しているということであり、このことは、「優勢機関」が解決することができない紛争を「劣勢機関」たる裁判所に渡して解決させる局面を出現させる[[12]]。司法権と行政権のこうした「地位のずれ」は、環境法治の実施過程の中に横たわる現実の問題

となっている。以上のことから、有限の司法資源は多くの行政機関が担わなければならない任務を担うが、重荷に耐えられず、こうした「地位のずれ」の実質は行政資源と司法資源の分配と使用の不合理であるということが見てとれる。それ故、現在の局面を打ち破るキーポイントは、環境保護行政機関に、事件を処理する中でさらに重い任務を担わせることであり、行政権に、環境司法の中でますます積極的で自発的な役割を発揮させることである。これまた、生態環境損害賠償制度改革の試行の目標方向である。

　環境保護と環境の質の改善には、法治の力の護衛が必要となる。環境法治の完備には、行政権と司法権の協力が必要となる。厳格な意味で司法権と行政権の独立を厳守すること、又は憲法原理の中の伝統的な訴訟関係の安定性を優劣を評価する制度の基準とすることは、環境保護の法律制度の不断の創造を厳しく制約することになるだけでなく、環境法治の建設における実際の問題を解決するのに不利となる。目下のところ、行政資源と司法資源の配置と使用の不合理さは、環境司法の機能の弱化を惹き起こしており、これは環境司法実践における突出した問題である。《試行規定案》は、国務院の授権を経た地方省級政府は生態環境損害の賠償権利者となると規定しており、「自発的協議、司法の保障」という試行原則をはっきりと定めている。まさにこれは、行政資源と司法資源の配置を最適化するという重要な体制のメカニズムの創造に目を向けているのである。「賠償権利者」の主体の地位は、省級人民政府だけが生態環境損害賠償の各手続と実体的権利の最後の決定権と処分権を享有するということを意味している。指定を受けた関係部門又は組織は、訴訟の中の委託者又は命令の執行者であるに過ぎず、それにより、行政権力行使の慎重性と行政機関内部の自己束縛を保証し、「政企共謀」又は「共同制圧」のリスクを比較的大きな限度で避けることができる[(5)]。指定を受けた関係部門又は組織には、環境保護、国土資源、住宅都市農村建設、水利、農業、林業等の部門が含まれており、省級政府の統一的計画の指導の下で、各部門の行政資源は、環境司法の中でますます多くの任務を担い、ますます重要な役割を発揮することができる。《試行規定

案》の徹底的な推進と、行政機関が行う生態環境損害賠償の請求主体メカニズムや手続規則が次第に整備されていくにつれ、目下の環境司法において司法機関では重荷に耐えられず行政機関が「対岸の火事」となっている現状もまた、根本的に一新されるであろう。

（三）行政機関に訴訟提起権を与えることは、「二つの害悪を比較して軽いほうを取る」の理性的選択である

　処罰するのであれ、救済措置を強制するのであれ、行政機関が生態環境損害賠償義務者に対して課する責任には、汚染者が生態修復費用を支払うよう要求することの強制は含まれていない。そのことにより、ある学者は、環境保護部門に損害賠償責任を追及する職能を直接与えることができれば、行政責任という方式で環境損害を回復することができると提示している[13]。我々は、この主張を、環境保護行政機関が単独で生態環境損害賠償及び回復を決定しそして推し進める能力を与えること、と見ることができる。これに対応するものとしては、現行の行政強制及び行政処罰の手段という変わらない基礎上で、環境保護機関に生態環境損害賠償訴訟の提起資格を与えることである。この２種類の救済の筋道を比べると、環境保護行政機関が有力な行政処罰及び強制手段を備えているという前提の下で、他に、単独で生態環境損害賠償の範囲、方式、金額及び期限を決める能力を与えることは、疑いなく行政権力の極度の拡張である。しかも、この拡張がもたらす外部監督の欠乏は、行政と向かい合う汚染者にますます不利な地位におかせる。別の角度から見ると、環境保護機関は生態環境損害賠償訴訟の原告として、その生じる影響は、伝統的な訴訟構造に対する突撃及び訴訟における行政機関と汚染者の訴訟上の地位の不平等に集中している。環境保護行政機関に異なる能力を与えるという２種類の結果から見れば、行政権力の強制命令により生態修復資金を支払うことがもたらす行政の専制、権力によるレント・シーキングという隠れた弊害は、司法機関の監督と参与の下で出される生態環境損害賠償が生み出すマイナスの影響よりもはるかに勝っている。「二つの害悪を比較して軽いほうを取る」、我々は、行政機関に生態環境損害賠償の訴訟提起権を与えることは一層理性的な選択であり、

これまたその正当性の有力な支持となることを証明している、と考える。

三　環境司法の実際から、行政機関が提起する生態環境損害賠償の実行可能性を考察する

　生態環境損害賠償制度の建設は、結局は、司法実践に回帰し、実践という検証を受ける。それ故、行政機関が提起する生態環境損害賠償訴訟の実行可能性の研究は、司法の実際の問題を解決するという基礎上で確立されなければならない。行政機関が原告としてどの程度、生態環境損害賠償訴訟を推進し、判決を作り上げ、執行に移すことができるのかは、検証に際して、行政機関が環境法治の改善に対してどれだけの働きを有しているかということの重要な基準である。このような検証を行う前に、我々は先ず、司法実践はどのような問題に直面するのか、どのような実際の要求があるのかについて帰納する必要がある。

(一) 行政機関又は司法機関が単独で主導する生態環境損害賠償にはそれぞれ優勢・劣勢がある

　生態環境損害賠償に関する実践の中で、2種類の典型的な処理モデルが存在する。その一は、行政が主管する機と汚染企業が話し合いを行い、生態回復協議が合意に達し、そして主管機関が後続の回復活動を主導するモデルである。その二は、環境保護公益組織が公益訴訟を提起し、審理する裁判所が事件の過程を主導して、判決の履行の方式と結果を重視するモデルで、その審理過程は濃厚な職権主義の色彩を有する。

　前者の例は「康菲溢油事件【康菲溢油案】」[6]であり、2015年に環境保護公益組織が訴えを起こす前は、国家海洋行政主管部門が関係企業と交渉し、賠償金額を確定させ、賠償計画について合意し、司法手続に入ることなく、巨額の生態環境損害賠償金と生態修復資金について、事故発生から1年も経たずに確定させることができた。しかし、別の面では、海洋行政主管機関の「独断」が民衆の疑義を受けた。賠償金支払協議の合意過程に外部の力による監督が欠けており、民衆の参与の程度が足り

ておらず、賠償額は生態修復の真の必要に足りているのかについても疑問が出された。これらのことは、協議の合意の3年後のことであり、環境保護公益組織が環境公益訴訟を提起したことを脚注で留めておく。

　後者の例は、泰州市環境保護聯合会が錦匯や常隆等の会社を訴えた環境汚染不法行為紛争事件（以下、「泰州事件」と略称する。）である。この事件の処理過程において、審理した裁判所は、決定的な役割を果たした。すなわち、各級の審判組織は積極的に調査及び証拠集めを行い、裁判所長が自ら「先頭に立って」審理を主宰し、専門家の補助者は、環境修復の必要性と費用等のキーポイントとなる問題について、専門家としての意見を十分に発表し、検察機関もまた進んで支持したと見られる[14]。しかしながら、裁判所や検察において多くの作業を行なった事件ではあったが、この事件は3年近く経過してようやく最終判決となった。そして、このように長い周期を経た後の判決執行では、妥協をすることはやむを得ないことである。すなわち、二審裁判所は、汚染企業に対し技術改造して環境を修復するよう促すことを目的として、費用の履行方式を変更し、40％の賠償金の支払いについては延納することができると判決した。しかも、企業に一定の条件を与えて、この限度内で相殺することができる機会を提供した。

　以上の二つの事件の処理結果から窺い知ることができることは、生態環境損害の2種類の典型的な処理モデルのそれぞれには優劣があるということである。第一に、「康菲溢油事件」が比較的短期間で賠償を獲得することができたのは、交渉の過程が、優勢的立場にある海洋行政管理機関によって推進されたからであり、賠償義務者は駆け引きをする余地があまりないという圧力に苦しめられることになる。他方で、「泰州事件」では、関係する生態環境損害賠償の協議は、司法機関が推進した。司法の慎重さが環境科学の専門知識についての不足に加わって、事件処理の周期を非常に長くした。第二に、「康菲溢油事件」は、関係企業と行政の主管機関が賠償協議に合意した後に環境保護公益組織によってさらに訴えを起こされた。原告である中国生物多様性保護及び緑色発展基金会は、裁判所に対し、被告は傷つけられた渤海の生態環境について修

112

復を行い、溢油事故発生以前の状態に戻すことを命じる判決を出すよう求めた。これは、当初、合意した賠償計画及び協議には司法の終局的効力の確認が欠けており、そのため、海洋行政の主管機関が関係企業と合意した賠償協議では海洋生態環境が受けた損害を補うのに十分でなかったからである。第三に、「康菲溢油事件」の賠償金支払いが予定額に達したという状況は、「泰州事件」より優れており、相当部分の賠償金の「延滞」又は多額の相殺が起きたという事態はない。この点は理解できなくはない。司法の執行率が低く、執行力が弱いという目下の状況では、企業に対する行政権力の威嚇力は、司法の執行と比べると、容易に成果を得ることができる。二つの事件における二つの処理モデルの優劣とその理由を見渡すと、もし行政機関が主導することにより協議効率が高いとか賠償金が予定額に達するのが速いといった優位性と、司法機関が主導することにより判決内容が全面的で、しかも終局的効力をもつという優位性とを結び付けることができれば、必ずや環境司法の現状は大幅に改善されるはずである。《試行規定案》が打ち出されたことは、第一段階として、行政機関が環境司法の中でますます積極的で自発的な効力を発揮するという流れを確実なものとし、また、2種類の処理モデルのそれぞれの優位性を結び付けるのに有利な契機を提供した。そして、この2種類の処理モデルの優位相互補完【优势互补】が現実に可能であるのかは、本稿でさらに議論する問題である。

（二）現行の環境訴訟制度の枠組みの中で、行政権と司法権の優位相互補完を実現する

生態環境損害賠償事件の2種類の処理モデルがもたらす効果は異なっており、実質的には行政権と司法権それ自体の内容と機能の相違がもたらす差異である。これによれば、2種類の処理モデルの優位相互補完もまた、行政権と司法権が生態環境損害に応対するときにそれぞれの機能が発揮する相互の協力と補充と見ることができる。目下の環境司法制度の完全な枠組みの基本的形成という条件下で、二者の優位相互補完を実現しようとするならば、現行の環境司法制度と繋げる道を通過しなければならない。従って、両者の処理モデルの優位相互補完を具体的にどの

ように実現するかを模索する前に、行政機関が提起する生態環境損害賠償訴訟と現行の各関係訴訟制度との間の関係をきちんと整理しておくことは、我々がその実行可能性を探るのに答えなければならない問題である。

　原告の主体区分により、我々は、行政機関が提起する生態環境損害賠償の訴えと、公民個人、関係する社会組織及び法律が規定する機関が提起する環境訴訟との間の関係を別々に分析したい。その一は、公民個人が提起するもので、環境民事訴訟である。この種の訴訟の趣旨は、環境と関係する人身、財産的利益を保護することにあり、適用範囲において、２種の訴訟が同時に出現することはなく、ましてや衝突することなどない。その二は、法定の条件に合致する社会組織が環境民事公益訴訟を起こすことができるというもので、この種の訴訟は、訴訟目的上は、行政機関が提起する生態環境損害賠償と一致性を有する。環境保護部の関係する責任者による《試行規定案》の解説によれば、「社会組織が提起する環境公益訴訟と政府が提起する生態環境損害賠償は、生態環境損害賠償制度の重要な内容である……両者の関係と結び付きは、試行過程の中で徐々に模索し、そして完全なものにしていかなければならない」[15]。その三は、検察機関が提起する環境民事公益訴訟又は行政公益訴訟で、検察機関が法律の監督の職能に立脚して提起する２種類の公益訴訟である。検察機関は、法律が規定する機関又は関係組織を法に従い督促し、又は支援するが、依然として適格な主体が存在しない、又は適確な主体が訴訟を提起しない場合に、民事公益訴訟を提起することができる[7]。その働きは、主体の欠缺がもたらす環境公益救済の漏れを補う点にある。この補充の働きは、行政機関の損害賠償請求に対しても同じように有効である。民事公益訴訟の提起を除けば、監督管理の職責を負う行政機関が違法に職権を行使し、又は行使しないときに、検察機関が訴訟前手続を経た後に法に従い行政公益訴訟を提起することができ、行政機関に対して合法的に権利を用い、法に従い職責を履行するよう督促することができる。生態環境損害賠償事件が訴訟手続に入る必要があるとき、検察機関の法律監督は、同じように、生態環境損害賠償〔訴訟〕を提起する

責任のある行政機関に適用される。以上の３種類の主体が提起する環境訴訟は、基本的に現行環境司法制度の主たる枠組みを形成している。分析を通じて分かったことは、行政機関が提起する生態環境損害賠償と現行枠組み内の各環境訴訟制度が衝突することはなく、一定の場合に結び付いて適用される余地も存在することである。「行政権と司法権の優位相互補完」は一つの美しい願望であるだけでなく、環境司法の現実の中で実現の可能性をも有するものである。

（三）生態環境損害賠償事件は、一層高効率の判決と一層強度な執行を必要とする

前に述べたように、「優位相互補完」というのは、行政権は高効率で、威嚇力が強いという優位性と司法権の慎重さや全面的という優位性とを結び付けることである。事件が司法手続に入ったとき、「優位相互補完」の効果を追求するには、生態環境損害賠償事件に一層高効率の判決と一層強度な執行を取得させなければならない。「一層高効率の判決」というのは、司法の正義の点から見ると、判決を待つ適時性である。「遅れてやって来る正義は正義ではない。」というこの法諺は、生態環境損害賠償事件においては、特に明白である。現実の問題としては、司法資源の有限性に制約されるため、さらに政治や社会といった要因の妨害が加わり、裁判所はなかなか判決を出すことができず、訴訟の周期は引き延ばされやすい。すでに発生した生態環境損害については、環境利益は損害を受け続ける。政府の応急事前対応策とそれぞれの対応措置があるとはいえ、これは、新たな損害の発生を先延ばしするという意味でしかなく、生態回復作業は、賠償資金が予定額に達しないが故に、最良の回復時期を逸するというリスクに直面する。裁判所ができるだけ早く判決を出すことで、生態回復作業は、一層迅速で一層資金面が保障された展開を行うことができる。生態環境損害賠償制度の設計案は、裁判所に高効率の判決を促すものでなければならない。「一層強度な執行」というのは、執行率と司法による正義の実現の程度との関係について言っている。「器用な嫁でも米がなければ炊事ができない」。修復資金の執行が予定額に達することは、生態修復作業を推進することの重要性にとって言

を俟たない。「司法が環境を保護する」という目標が実現できるかどうかは、主として、判決の正確性と執行の強さにかかっている[16]。そして、効果と利益の限界という角度から、執行の強さを増すことは、判決の正確性を高めることより、環境保護の効果を高めるのに有利である（生態環境損害賠償事件に関しては、事実の明確性についての誤判率は比較的低いので、執行面で高めることができる余地は大きい。）。

四　完全な生態環境損害賠償の法制度を確立する構想

　さらに迅速な判決を実現するには、裁判官を、事件の事実や法律の根拠と関係のない各種の考慮から解放しなければならない。さらに力強い執行を実現するには、地方政府に修復資金を管理させ、当地の汚染者に対する地方政府の影響力を利用して執行を実現しなければならない。さらに良い執行の効果を実現するには、多くの者の参与を取り入れて政府が修復資金を使用するのを監督しなければならない。このことに鑑み、行政機関が原告となる生態環境損害賠償モデルは、訴訟の提起及び推進並びに判決の宣告と執行等、全過程の完全な制度を建設すべきである。

（一）行政機関が主導する訴訟の進行過程の推進

　行政機関は、訴訟提起及びその主要な推進者として、裁判所が生態環境損害賠償事件の中で大量の時間と仕事量を費やすのを避けることができる。目下の司法実務において、裁判所は汚染者と地方政府の間をとりもたねばならず、社会の安定や地方の経済的利益といった要素を考慮する必要がある。事件を処理する裁判官は非常に大きな圧力に直面するだけでなく、作業量の負担もかなり大きい。生態環境損害賠償それ自体について言えば、こうしたことは、もともと、裁判官が事件処理の際に関係することではないが、実際には裁判所は、「裁判所——汚染者——地方政府」という三者対決に参加させられることになる。このことから、間に立つ裁判〔所〕の地位と権威に影響を与えることは免れ難い。それ故、生態環境損害賠償制度の設計に際しては、裁判官を、社会の安定や地方の経済発展といった、地方政府と汚染者が解決しなければならない問題

から解放するようにしなければならない。事件それ自体について裁判を行うだけで、政府と汚染者が交渉して出した賠償計画については、当該計画が認められるものであるかどうか、さらに修正が必要かどうかについて審査及び採決を行うのである。司法機関が訴訟の中で演じるのは、行政権力を制限する者であり、訴訟で弱い方の合法的利益の保護者でなければならない。

　当然のことながら、その中での最大の憂慮は地方政府と汚染者の共謀であるが、この問題を出すことの事前の仮定は、地方政府が環境保護の反対側に立っているということである。目下の政策の背景及び政治的現実の下では、この事前の仮定の確かさは、本来なら、議論の余地があり、しかも裁判所がこの問題に応対することは、手の施しようがないというわけではない。すなわち、訴訟過程における証拠や鑑定意見といった情報の共有等は、裁判所を情報において優位な立場におかせることができ、裁判官はこれにより独力で判断することが可能となる。例えば、裁判所は、現在ある情報に基づき、又は専門家から意見を聞いて、生態が受けた破壊の実際の状況と修復の技術的要求とを結び付け、損害賠償の額、範囲及び方式の心理的予期を得ることができる。「心理的予期」というのは、行政機関と関係企業が合意した計画に対する制限であり、裁判所は、関係企業と行政機関が合意した協議への審査を通じて、行政機関が、〔汚染者を〕かばうために賠償金額があまりにも低くなるのを防ぎ、あるいは行政機関が強い立場にあるのを利用して汚染者を「搾取」し、汚染者の合法的な利益が害されるのを防ぐのである。

（二）訴訟の各段階での推進路線と具体的制度の構想

　１．訴訟提起と推進の段階

　行政機関に生態環境損害賠償事件における賠償請求の主体資格を与えることは、行政機関が必然的に訴訟を提起する主導性・積極性を備えるということを意味しない。生態環境損害の法的事実が生じたが、行政機関が訴えを起こさないか、又は訴え提起を怠っているとき、条件を充たす環境保護公益組織又は検察機関は、人民法院に対し環境行政公益訴訟を提起し、行政機関が訴訟提起権を行使するよう促して、できるだけ早

く生態環境損害賠償の業務を展開させることができる。行政機関が生態環境損害賠償訴訟を提起した後に、《環境保護法》第58条の規定に合致する公益組織も訴訟を提起すれば、人民法院は、状況の相違に基づいて処理しなければならない。すなわち、環境保護組織の訴訟による請求と行政機関の訴求することが性質や範囲において一致するか又はほぼ一致するときは、行政機関の訴訟権が優先し、環境保護組織の請求は却下されなければならない。それに対し、環境保護組織の訴訟による請求が行政機関の訴求の範囲を超え、しかも確実に公共の利益に属するときは、人民法院は、両者を併合して審理することができる。事件受理の後、訴えを起こした行政機関が、調査や証拠調べ、その他の訴訟準備作業を進める。それと同時に、人民法院が指定する第三者たる環境損害専門の鑑定機構が鑑定や評価を進める。鑑定意見〔書〕作成、主要な証拠の収集が終了した後、行政機関は関係企業と交渉を行い、技術的鑑定の意見と証拠が証明する責任の比率に基づいて、関係企業が行う生態環境損害賠償の範囲、金額及び履行方式について協議する。事件の進展の高効率性を促進するために、証拠収集や賠償計画交渉の時間は、比較的短い期間に限定されるべきである。

　２．判決と執行の段階

　判決が出される前、人民法院は、主として、行政機関が訴訟を提起した後に推進する各種訴訟行為に対して合法性と合理性の審査を行う。合法性の審査の内容としては、行政機関が集めた証拠は法定の手続を守ったものだったのか、その証拠それ自体が合法なのか、を含んでいる。合理性の審査の内容としては、行政機関が訴訟の中で行政権力を用いることが正当であったかどうか、必要であったかどうか、そして関係企業と合意した賠償計画が鑑定結果の実際の需要を評価するのに合致しているか、を含んでいる。実質性の審査については、鑑定意見の客観性と真実性を保証するために、人民法院は、専門家から意見を聞いたり、又は必要があれば、その他の環境損害鑑定機構が鑑定結果に対して検証を行うことを組織することができる。二重の審査を行なった後に、裁判所は、審査結果に基づいて賠償計画を承認するか、部分的に承認するか、又は

否定するかの決定を下すことになる。承認というのは、裁判所が直接、判決を出すことができるということを意味する。部分的承認というのは、裁判所が賠償計画の具体的な内容に対して提案を出し、原告・被告双方に改定の協議をするよう求めることができるということである。否定というのは、裁判所が原告・被告双方に再度、賠償計画を定めるように求め、又は一定の期限後になおも双方が合法的かつ合理的な計画について合意に達しないときには、人民法院が自ら判決を下すことができる、という意味である。

　すでに成立した賠償計画については、司法が行う審判を通じて最終的効力を手に入れる。この計画の発生は、行政権と司法権が相互に支持するものであり、共同で生み出す結果を制約することで、その執行は行政権と司法権の二重の支持を得ることができる。司法が執行することは、財産の処置に対する上級の権限であり、行政の法執行力の威嚇も加わって、汚染者が賠償計画について気持ちを変えたり、執行に抵抗したり、条件を付けてくるといったコストを大幅に高める。執行の効果が大きく改善されることが期待される。

　3．修復を実施する（修復資金の使用の）段階

　環境法治は賠償で止まってはならない。生態の修復は一つの長期的過程であって、賠償請求の成功と生態が修復を得ることの間には、さらに長い歩まねばならない道がある。それ故、生態環境損害賠償の司法執行の効果の追求は、賠償金が予定額に達したことで満足してはならず、さらに一歩進んで生態修復の展開にも関心をもつべきである。そして、その中で極めて核心的な問題は修復資金の管理と使用である。我々の解するところによれば、行政機関が提起する生態環境損害賠償訴訟に対する励ましから出て、生態修復資金は主として行政機関が管理や使用を行うべきであり、しかも地方政府の財政予算体系に組み込まれ、予算の監督を受ける。行政機関の主導とは言っても、行政機関の「専断」を意味するわけではない。修復資金の管理及び使用の具体的なメカニズムとしては、修復資金の使用及び管理を監督する理事会又は管理委員会を確立することを考えることができる。裁判所もまた、修復資金の使用及び管理

の重要な監督者であり、理事会（委員会）の中で一席を占めているべきである。その他の監督者としては、環境保護公益組織、公民の代表、一定数の専門技術人員等が含まれる。理事〔会〕（委員会）の議事規則と投票規則を定めることを通じて、行政機関が修復資金を使用することに対して方針決定への監督を行う。政府の会計監査機関又は理事会（委員会）が自ら招聘した第三者の会計監査組織を通じて、毎年度、修復資金の管理及び使用に対して会計監査の監督を行う。

（三）　情報公開と民衆の参与が公益訴訟の全過程を貫かなければならない

　行政機関は、民衆が共同して享有している破壊された生態環境を回復するために、自己の職責を履行する。「環境利益」は、大勢の民衆が共同して享有しているものであり、民衆の生存、生活、健康と密接に関係しているのであるから、この過程の中で民衆の知る権利や提案権は当然、保障されなければならない。と同時に、民衆はまた、行政機関が提起する生態環境損害賠償訴訟の重要な外部監督勢力でもあり、適当な世論の圧力は、行政機関に一層積極的に職能を行使するよう促すことができる。民衆が情報を得る道が妨げられないことを保障するために、そして対話に参与するメカニズムを保障するために、訴訟から始まり、人民法院、訴訟を提起した行政機関、汚染企業、及び大勢の民衆の間に、常態化された架橋交流メカニズムを築く必要がある。行政機関と汚染企業の交渉の成立や裁判所の判決の宣告もまた、民衆の合理的な意見と提案を考慮すべきである。生態の修復の中で、民衆と行政機関の対話メカニズムは、同時にまた、修復資金の管理及び使用に参与する監督のメカニズムでもある。

五　結語

　本稿は、《試行規定案》の中の関係する「生態環境損害賠償権利者」の規定と結び付けて、行政機関が提起する生態環境損害賠償訴訟の正当性と実行可能性について分析を行なった。生態環境損害賠償訴訟は、環境保護行政機関がますます大きな作用を発揮する必要があると見るべきで

ある。そして、行政機関は、公益を保護する生態環境損害賠償権利者として、そこに伴う問題を同じように軽視してはならず、立法者が制度を整備するとき、それをできる限り避けなければならない。行政機関を原告とする生態環境損害賠償モデルは、訴訟の提起や推進、判決を出すことや執行等の全過程において完全な制度を建設すべきである。

(1)　本稿筆者は、かつて発表した環境法学の研究論文や書籍の中で一貫して「生態損害【生态损害】」という用語を用い、専門論文で「生態損害」の法学概念を分析してきたが、《生態環境損害賠償制度改革の試行規定案》は、中国共産党中央弁公庁と国務院弁公庁が連携して発行した、生態文明体制改革の「１プラス６」構想の一つとしての国家重要政策文書である。しかも、当該文書の中で定義されている「生態環境損害」と本稿筆者が定義付けを行なった「生態損害」は、意味が一致しており、用語を一致させて、本稿は「生態環境損害」を文中のキーワードとして採用した。

(2)　2016年11月７日の主席令第56号《全国人大常委会による〈中華人民共和国海洋環境保護法〉改正に関する決定》に基づき、《海洋環境保護法》が改正された後、元の第90条第２項の条数は第89条第２項に変更となった。参見《中华人民共和国海洋环境保护法（2016北大法宝整理版）》，来源：北大法宝网站，法宝引证码：CLI.1.284158。

(3)　「権利」という語を包んでいる道徳という上着をはぎ取ると、公法領域であれ私法領域であれ、どの権利主張者も、自身の人身、人格と財産的利益を守るためである。「第一世代の人権」（公民及び政治の権利）は、個々人の自由が公権力に対抗するという基礎を定めた。「第二世代の人権」（経済社会の権利）は、たとえ団体の権利という顔つきで現れたのだとしても、それは「人の固有の尊厳」に由来する。集団の人権である「第三世代の人権」（社会連帯の権利）に至っても、自然人が特定の集団の中で行使して初めて、意味を持つ。

(4)　《最高人民法院、民政部、环境保护部关于贯彻实施环境民事公益诉讼制度的通知》第４条から第６条の規定参照。

(5)　省級政府は、中央政府に次ぐ一級行政機関として、「政企共謀」又は「共同制圧」の決定をするとき、ますます大きなコストを背負うことになる。それが指定する関係機関がその名義で汚染者をかばい、又は司法の独立に干渉する行為をするとき、政府の公信力と法律の尊厳はさらに大きな損害を受ける。こうしたリスクを下げるために、省級政府は、損害賠償請求過程の公平、公正及び合法性を保証する力を有しており、具体的に生態環境損害賠償〔請求〕を展開する行政機関に対して、上から下へと監督を行うのである

(6)　2011年６月４日及び６月17日、蓬莱19-3 油田で相次いで溢油事故が起き、海を大量の原油と油基スラリーの海にすることを惹き起こし、渤海の海洋の生態環境に対して重大な汚染損害を生じさせた。この原油汚染事故が惹き起こした海洋生態（環境）それ自体の損害については、行政主管機関、環境保護公益組織が相前後して公益訴訟又は公益損害賠償請求訴訟を提起した。2012年４月、国家海洋局北海分局、康菲会社、中海油は、共同して、海洋生態損害埋め合わせの協議書に署名した。康菲会社と中海油は、合計で16.83億人民元を支払い、その中

のうち10.9億人民元は康菲会社が出したもので、今回の溢油事故が海洋生態に対して生じさせた損害を賠償した。中海油は4.8億人民元、康菲会社は1.13億人民元をそれぞれ出し、渤海環境を保護する社会的責任を負うことになった。2015年6月、中国生物多様性保護及び緑色発展基金会は、青島海事裁判所に公益訴訟を提起し、裁判所に対して、康菲石油と中海油の両会社に渤海湾の生態環境を事故発生前の状態に回復させる判決を下すように求めた。

(7) 参見《検察机关提起公益诉讼改革试点方案》。

参考文献

[1] 颜运秋. 公益诉讼: 国家所有权保护和救济的新途径 [J]. 环球法律评论, 2008(3):32-41.

[2] 肖建国. 利益交错中的环境公益诉讼原理 [J]. 中国人民大学学报, 2016(2): 14-22.

[3] 张式军. 环境公益诉讼浅析 [J]. 甘肃政法学院学报, 2004(4): 45-50.

[4] 蔡守秋. 论公众共用物的法律保护 [J]. 河北法学, 2012(4): 9-24.

[5] 王明远. 论我国环境公益诉讼的发展方向: 基于行政权与司法权关系的理论分析 [J] 中国法学, 2016(1): 49-68.

[6] 沈寿文. 环境公益诉讼行政机关原告资格之反思——基于宪法原理的分析 [J]. 当代法学, 2013(1): 61-67.

[7] 陈海嵩. 绿色发展中的环境法实施问题: 基于PX 事件的微观分析 [J]. 中国法学, 2016(1): 69-86.

[8] 徐祥民. 通过司法解释建立环境公益诉讼制度的可能性探讨 [M] // 中国环境法治·2012年卷. 北京: 法律出版社, 2012.

[9] 鲁道夫 冯 耶林〔ルードルフ・フォン・イェーリング〕. 为权利而斗争〔権利のための闘争〕[M]. 胡宝海, 译. 中国法制出版社, 2004: 55.

[10] 蔡守秋. 从环境权到国家环境保护义务和环境公益诉讼 [J]. 现代法学, 2013(6):3-21.

[11] 陈海嵩. 国家环境保护义务的溯源与展开 [J]. 法学研究, 2014(3): 62-81.

[12] 韩波. 公益诉讼制度的力量组合 [J]. 当代法学, 2013(1): 31-37.

[13] 况文婷、梅凤乔. 生态环境损害行政责任方式探讨 [J]. 人民论坛, 2016(5): 116-118.

[14] 吕忠梅. 环境司法理性不能止于 "天价" 赔偿: 泰州环境公益诉讼案评析 [J]. 中国法学, 2016(3): 244-264.

[15] 新华网. 环保部有关负责人解读《生态环境损害赔偿制度改革试点方案》[EB/OL]. (2015-12-03) [2016-02-16]. http://news.xinhuanet.com/fortune/2015-12/03/c1117349597.htm.

[16] 桑本谦. 理论法学的迷雾——以袭动案例为素材 [M]. 北京: 法律出版社, 2015.

第5章 環境行政公益訴訟における検察機関と公衆の協力メカニズムの研究

景　　　　勤

矢沢久純　訳

羅　　自立

要　旨：《中華人民共和国行政訴訟法》の最新の改正により、検察機関が提起する行政公益訴訟の規定が追加された。それ以前の試行状況から見ると、生態環境と資源保護の事件は、行政公益訴訟事件の中で最も数が多い。それに加えて、「生態文明」が憲法の中に入り、この種の事件は今後の一定期間、行政公益訴訟の重点となるであろう。制度ができたとは言うものの、実施するには事態は複雑に入り乱れており、検察機関も数多の困難に直面している。中国共産党の十九大で提議された「全民共同管理【全民共治】」という環境統治体制【環境治理体系】という枠組の下、このような訴訟の公益性に基づき、公衆と検察機関の間で協力し合える空間を探せば、共同で利益を得ること【多贏】が実現できる。

キーワード：環境行政公益訴訟、公衆協力、対象とモデル、注意事項、実践の意義

1　環境行政公益訴訟における検察機関と公衆の協力の背景

1.1　中国における行政公益訴訟制度の確立

　我が国の行政公益訴訟制度の確立は、「実践 —— 理論 —— 試行 —— 立法」という長い過程を経てきた。「実践」の中では、早くも 1997 年、検察機関が行政機関を訴えて勝訴した前例がある。それが切っ掛けとなっ

て、全国では、一部の検察機関が直接、訴訟を提起し始め、一連の公益訴訟事件を処理した[1]。理論の世界では、行政公益訴訟制度についての議論は 20 世紀末か 21 世紀初頭に始まり、比較的多くの理論的成果がもたらされた。蘇州大学の黄学賢教授が「行政公益訴訟──研究の現状と発展の動向──」という一文の中で 2005 年以前の行政公益訴訟の研究状況について詳細な分析を行なっており[2]、学者らは行政公益訴訟制度の研究と設計について、すでにかなり詳しく正確に把握している。湖南大学の倪洪涛教授は、「公共性行政訴訟から行政公益訴訟へ──2006 年の典型的な公共行政訴訟事件から──」という一文の中で、2006 年のいくつかの典型的な公共行政訴訟事件を例として公共性行政訴訟【公共性行政诉讼】と行政公益訴訟とを区別し、外国での経験を参考にして、我が国の国情を分析するという基礎の上に立って、各ランクの検察機関の行政公益訴訟の原告適格を確立することは、我が国の司法体制の内在的メカニズムに合致することを論証した[3]。2015 年以前は、学界は、行政公益訴訟の意味及び特徴、我が国が行政公益訴訟を確立する必要性、我が国が行政公益訴訟を確立する実現可能性【可行性】、我が国の行政公益訴訟の原告適格、並びに我が国が行政公益訴訟を確立する具体的な道筋等を巡って研究を行なってきた[1]。これらのことから、行政公益訴訟制度確立の前に、理論面の研究がしっかり展開され、そして良好な世論の雰囲気が形成されてきたことが分かる。理論面の研究を見渡すと、行政公益訴訟を公衆参加【公众参与】と結び付けている点が珍しい。

2015 年 5 月、習近平総書記主催の中央全面深化改革指導グループ【中央全面深化改革领导小组】第十二回会議が開かれ、検察機関が提起する公益訴訟制度の確立を探ると習近平総書記が指摘した。そのすぐ後の 2015 年 7 月 1 日、全国人民代表大会常務委員会は、最高人民検察院に 13 の省、自治区又は直轄市で公益訴訟試行地区を展開することを授権した。そこには行政公益訴訟も含まれている。最高人民検察院は、相継いで、《検察機関が提起する公益訴訟の試行規則案【检察机关提起公益诉讼试点方案】》(2015 年 7 月 2 日)、《人民検察院が提起する公益訴訟の試行作業実施方法【人民检察院提起公益诉讼试点工作实施办法】》(2016

年1月)を公布する。2017年7月、2年の期限がきた試行作業が終わり、行政公益訴訟制度が《行政訴訟法》第25条として書き入れられた。すなわち、「人民検察院は、職責を果たす際に、生態環境及び資源保護、食品及び薬品の安全、国有財産の保護、並びに国有土地使用権の譲渡等の領域において監督及び管理の職責を有する行政機関が違法に職権を行使するか、又は行使しないことにより、国家利益又は社会公共利益が侵害されるに至ることを発見したときは、行政機関に対し検察による提言を行い、その行政機関が法律により職責を果たすよう催促しなければならない。行政機関が法律に従って職責を果たさないときは、人民検察院は、法律により人民法院に訴訟を提起することができる。」と。しかしながら、我々の目の前には、この漠然とした法規があるだけであるが、試行する中で現れた問題の解決のためには、絶えず探り求める必要があり、制度上も一層、完全化する必要がある。

1.2　環境行政公益訴訟において検察機関が事件を処理するに際しての困難

1.2.1　事件処理の発端の欠乏

　試行地区の事件の発端【线索】の収集状況から見れば、事件の出所が欠乏しているという状況が比較的、目立っている。試行が始まって最初の10ヶ月は、各省(自治区、直轄市)は、平均して月に5件前後の発端しか見つけることができておらず、最後には行政公益訴訟に入れることができる事件は一層、少なくなり、末端の検察機関に一定の期限内に1件の行政公益訴訟事件をやり終えるようにと強制的に命じることまで行なった省もあった[4]。一部の学者らは次のように考える。すなわち、その原因は《人民検察院が提起する公益訴訟の試行作業実施方法》第28条により環境行政公益訴訟事件の発端を「人民検察院は、職責を果たす際に」「発見」した場合に限っており、「職責を果たす」の範囲は、職務犯罪の捜査、逮捕の許可又は決定、基起訴の審査、検察を告訴すること、及び訴訟の監督等であるから、これによれば、環境行政公益訴訟の事件の発端は、検察機関によってすでに「独占」されており、その他の国家機関、公民及び社会組織の知恵や力を排除している、と[5]。筆者はこう

した見解には賛同できない。《人民検察院が提起する公益訴訟の試行作業実施方法》は最高人民検察院が出したものであるが、その性質上、公益訴訟試行にあたっての一つの操作指針であるに過ぎず、司法解釈ではないから、本質的に法的強制力を有していないし、その効力は現行の法律より低いので、従って、職責の解釈にあたっては《中華人民共和国憲法》及び《中華人民共和国人民検察院組織法》(以下、《組織法》と略称する。) の規定により解釈すべきである。検察院は法律監督機関とされており、その監督は全面的なものであるべきで、しかも人民検察院は、法に基づき、公民が違法な国家職員を告発する権利を保障し、公民の人身的権利、民主的権利及びその他の権利を侵害した者の法的責任を追及する (《組織法》第6条)。人民検察院は、業務中、実事求是を堅持し、大衆路線での執行を貫徹し、大衆の意見に耳を傾けねばならない (《組織法》第7条)[2]。実務を見ると、試行作業が始まって半年間は、北京では公益訴訟事件がなかったため、北京市検察院副検察長である甄貞が記者のインタビューを受けたとき、社会に対して公益訴訟の発端の提供を呼びかけることについては、《方法》の関連する規定を参照することができ、公衆が事件の発端〔の探索〕について力を発揮することを排除しているわけではない、と述べている。

1.2.2 事件処理能力の有限性

(1) 業務能力の欠缺

目下、検察機関での公益訴訟の具体的な業務担当は、検察院民事行政検察科である。その仕事の職責と長期的な仕事の重点から見れば、その主要な業務は、民事及び行政事件について審理の監督をすることである。かつて、検察院の訴訟作業の重要な点は公訴科にあり、民事行政検察科は、人員の数においてであれ、素質においてであれ、欠缺があると言える。いま一つの重要な技術的理由は、環境行政公益訴訟の中で必要となる専門的知識は膨大で、事件処理人員に行政法に関する知識が必要となるだけでなく、環境領域の専門的知識も必要となるが、すべての事件処理人員がこれらの知識を持つ状態にする可能性はあまりないし、効率的な選択でもない。業務能力は事件処理の核心であり、この問題を解

決しなければ、事件は処理不能ということが大多数の検察院が直面する問題となるであろう。北京市検察院副検察長である甄貞がインタビューを受けたとき、業務能力の重要性と複雑性に言及した。すなわち、——河川の汚染が工場の汚染物質の排出により惹き起こされていることに皆が関心を持っている。具体的にどこの企業なのか、見つけることができる。しかし、これほどまでに多くの企業があり、そのどの企業が河川に汚染物質を排出しているのか、その汚染物質の成分は何かについては、依然、科学的調査や検査測定が必要となり、これは単なる法的な面の事項ではなく、技術力と専門的な力による裏付けが必要な事項である。検察機関が提起する公益訴訟は、一点一点の細部に至るまで、そして証拠に関しても着実に任務を行わなければならず、「訴えの正確性」を確保しなければならない。このように述べている[6]。こうした技術力と専門的な力は、環境行政公益訴訟において必要性が極めて高いものであり、目下、検察機関の大きな欠点でもある。しかもこの短所は内部から補うことが非常に困難であり、筆者は、外部からなんとかすることができるのではないかと考えている。

（2）人的資源の不足

　環境行政公益訴訟は、生態環境と資源保護領域で監督管理の職責を持ちながら、違法に職権を行使し、又は監督を行わない行政機関に対して行うものであり、監督の対象は一つの膨大な体系であって、統一的な監督部門があるだけでなく、責任を分担する部門もある。中央について見るだけでも、統一的に監督管理権を行使するのは生態環境部であり、管理権を分担して持つのは交通運輸部、農業農村部、公安部、自然資源部、水利部等であり、環境管理権と関係するものを行使するものとしては、国家発展及び改革委員会（国家エネルギー局）、住宅及び都市・農村建設部、工業及び情報化部、商務部、衛生及び計画生育委員会、文化部、国家品質監督検査・検疫総局等がある[7, 8]。これら以外に、職権部門だけでなく、授権部門も含まれており、生態環境及び資源保護領域で具体化されていて、事業体、専門会社、社会団体及び村民委員会又は居民委員会等の組織が、法律、法規及び規則【規章】に基づいて、環境行

政公共職能を行使することについて授権され得る[9]。

　上述の監督管理【監管】の範囲から見れば、生態環境と資源保護の領域においてのみ、検察機関の民事行政検察科所属の者が積極的に職務を果たして事件を見つけようとしても、全面的に網を張ることは不可能であり、結局、選択式の「手術」になってしまい、司法の公正のイメージを樹立するのに悪い影響をもたらす。この問題を解決するために、単純にその組織の内部の人的資源を増やすことでは解決できないことははっきりしており、コストと効率を考慮して、一定程度は公衆との協力を考えるべきである。

1.3　「全民共同管理」という環境統治体制の構築

　中国共産党の十九大は、生態文明体制の改革を加速して美しい中国を建設しなければならず、そのためには「全民共同管理」が必要であり、「政府が主導し、企業が主体となって、社会組織と公衆が共同参加する環境統治体制を構築すること」が必要であることを提議した。公衆が環境統治に参加するというのが大勢の赴くところとなっている。ここでの公衆参加というのは制度化されるという意味での参加であるべきであり、狭義の公衆参加である[(3)][10]。すなわち、公衆の力に呼びかけて環境の統治に参加する中で、これ以前は主に民事領域と行政領域に集中していた[(4)]。環境行政公益訴訟制度の確立は、検察機関による、生態環境と資源保護における行政機関の違法な作為及び不作為に対する監督を増加させた。監督が始動する原因、すなわち国家の利益又は社会公共の利益が侵害を受けることという点から見れば、この種の監督は事後の司法的監督に属する。公衆の参加は、以前の実務において積極的には司法領域に導かなかったとは言え（実務においては、司法領域の公衆の参加の焦点は訴訟に多く集まっており、「司法の独立」という価値観に基づいて、「司法への干渉」に対して忌み嫌うことが多々あった。）、公衆の参加は司法領域において効力を発揮できる空間が存在しない、と言っているわけではない。《中華人民共和国憲法》の中には、公民は国家機関及びそこに所属する者に対して批判、提案及び告発する権利を有することが定められており（《中華人民共和国憲法》第41条）、その本質は、公衆が国

128

家機関に対して行う監督であり、行政公益訴訟の本質は、検察機関が行政機関に対して行う監督である。公衆も検察機関も行政機関の法制上の監督主体とされており、生態保護と資源環境の領域については、公衆にとってはその生活と密接に結びついているので全面的に監督することができるが、検察機関にとっては、監督の職権はあっても、人と技術の制限により様々な面に気を配ることは不可能である。中国共産党の十九大が、「共に創建し、共に管理し、共に享受する【共建共治共享】という社会統治構造を打ち立てよう」と提議したことで、公衆参加は社会統治体制の中で効力を発揮するということが一層、明確となった。生態環境の統治は、立法及び法執行の領域で公衆に力を発揮させて共に創建し、共に管理するということを除いて、公衆参加〔の範囲〕を行政機関の外部監督にまで拡大し、検察の一環の司法的監督にまで至り、目下の環境行政公益訴訟制度に合わせて、「1足す1が2を超える」という方法を模索すれば、最終的な成果の享有を実現することは不可能ではないのである。

2　検察機関と協力する公衆の対象

2.1　当事者

　当事者は通常、個々の訴訟事件において現れ、しかも守るものは私人の利益である。公益訴訟の始動は、社会公共の利益を害する可能性のある事件に基づくものであり、環境行政公益訴訟に参加する要件に合致しないように見える。なぜなら、環境行政公益訴訟は行政訴訟という方式で直接、争いを解決して、合法的な権益を守るべきだからである。個人の利益は公共の利益と衝突する場合があるものの、多くの場合において、個人の利益と公共の利益は一致が見られる。公共の利益の侵害は部分的に個人の利益の潜在的な侵害となる。環境紛争における当事者は、環境利益関係において直接的な被害者であり、協力の動機は最も強いはずである。しかしながら、実際状況はと言えば、当事者が積極的に検察機関が環境公益訴訟に参加するよう申請する割合は低い。それは一方で

当事者自身の問題であるが、その一方で、検察機関の業務にある神秘性が普通の民衆に対して、ある種のお高い感や、触れ難い未知感を与えることは避けられず、それ故、普通の民衆は検察機関の援助を求めようとしないし、また、それをどのように求めたら良いのか分からないのである[11]。検察機関は当事者の動機を利用して民衆を協力に取り入れるべきで、当然に、公共の利益の被害を協力の基準とすべきである。

2.2 ニュース・メディア

ニュース・メディアは、大衆に広く伝わるメディアとして、社会の現実にとって自然な敏感性がある。生態環境問題は、近年、公衆が関心を持つ焦点であり、ホットな話題であるから、ニュース・メディアもこれについては全力を尽くして注目し、報道する。公衆の関心を呼び起こす環境公共事件では、メディアが重要な役割を演じ、同時に、影響力のある生態環境ニュースを報道することで、ニュース・メディアの影響力と知名度を容易に拡大することができる。検察機関が環境公益訴訟に参加すれば、最も関心を持つのはニュース・メディアなのである[11]。メディアには、社会に情報を広め、公衆の世論を導き、そして政治権力を監督する機能がある[12]。その中には、行政機関に対する監督が含まれているのであり、生態環境問題と行政機関に対する監督を結び付けることで、そのニュースの効果と利益が発揮され、検察の監督もうまく進めることが可能となる。

2.3 環境保護民間組織

国際的には一般に、民間組織をNGO（Non-Governmental Organization）と呼んでおり、志願するという性質を持つ、非営利を目的とした、非政府組織と定義される。環境保護民間組織は環境保護を主旨とし、営利を目的としておらず、行政権力を持たずに社会のために環境公益性のある奉仕を行う民間組織である[13]。今日の中国のそれぞれの領域において成立時期が最も早く、最も活気があって、最も社会的影響力が大きいものが、環境保護領域のNGOである。近年、大きめの環境汚染事件においては、いずれも環境保護民間組織の姿が見られる。例えば、2003年の「怒江水力発電論争」、2005年の「エアコン26度」行動〔本

書第1章2．1参照〕等である。2005年、中華環保聯合会が、全国の範
囲で、「中国環境保護民間組織現状調査研究」という活動を行い、年度
中国環境保護社会組織十大事件を選出した。2015年、グリーンピース
【緑色和平】が天津爆発事件の環境測定データを発生直後に発表したり、
2016年の〔江蘇省揚州〕高郵市の「水質汚濁による603元罰金通知書」
事件〔罰金が603元というのは低すぎるのではないかという世論が巻き
起こった事件〕等々、民間環境保護組織が公共の安全に危害を及ぼす環
境保護事件において注目され、かつ積極的に行動している。実際には、
環境保護民間組織は、限界に直面している。かなり活動している環境保
護NGOの調査の結果、今日、環境保護NGOの、国内の公衆における
知名度は比較的、低い。組織が国内企業及び個人から受ける寄付の割合
は非常に低く、政府からの資金の割合も高くない。調査によると、70%
近くの環境保護NGOは政府が制度化された参加ルートを提供すること
を希望しており、55%近くの環境保護NGOは政府と環境保護NGOと
の間の定期的な交流の仕組みを築くことを望んでいる[14]。2016年の高
郵市「水質汚濁による603元罰金通知書」事件において、環境保護組織
である自然の友が環境行政公益訴訟を提起することを試みた。その前の
2015年、新《中華人民共和国環境保護法》が実施されてから、条件に合
致する環境保護組織は合わせて37件の環境公益訴訟を提起したが、そ
れらの事件は全て環境民事事件であり、行政公益訴訟のカテゴリーに属
すものは一件もなかった[15]。新《中華人民共和国行政訴訟法》の中で、
確立した行政公益訴訟制度は環境保護NGOを公益訴訟提起者から外し
ている。しかし、環境保護民間組織には環境保護事業で保っている高い
積極性、異なる領域の環境汚染に対する高い注目度、広い範囲での志願
者がいるという優位性があるから、それを環境行政公益訴訟における検
察機関の協力対象に加えれば、その力を発揮するであろう。

2．4　民間知識資源

民間知識資源が司法領域で参加した例がある。例えば、司法機関が難
問のある事件について専門家に意見を尋ね、専門家から意見書をもらう
ことがある。「専門知識を持つ人」は専門知識を応用し、人民検察院の

事件解決活動に参加でき、専門的な問題の解決に協力し、又は意見を出しても良いと、2018年4月3日、最高人民検察院により公表された《最高人民検察院に支配され、又は招かれた専門知識を持つ人が事件に参加することについての若干の問題についての規定（試行）》（以下、《試行規定》と略称する。）は、民間知識資源が検察機関の事件解決活動での応用に根拠を提供した。検察機関が環境行政公益訴訟の中で直面している業務能力と人力資源の難題は既に述べた。検察機関が民間知識資源を利用すれば、この難題を解決できる。「専門知識を持つ人」はどんな人であろうか。《試行規定》では「専門知識を持つ人として事件に参与できない」場合（第3条）を大まかに規定したが、どんな人が「専門知識を持つ人」か、検察機関が参考にできるように明確に規定していない。我が国ではシンクタンクの建設は参考になるルートである。シンクタンクというのは、公共政策を研究対象とし、政府の決定を影響できることを研究目標とし、公共利益を研究方向とし、社会責任を研究準則とする専門的な研究機構であり[16]、民間知識資源の応用に力を注いでいる。環境行政公益訴訟について、政府の行政過程に対し、成熟した研究をした専門家学者が必要である一方、生態環境と資源保護という、この特別な領域に詳しい実務家とスペシャリストも必要である。そして、その需要は長期的である。その種の行政公益訴訟がある限り、それに対する「専門知識を持つ人」が要る。検察機関が公益訴訟事件に関わる事件を解決するとき、自らシンクタンクを作り、あるいは関連領域とシンクタンクを共有することができる。

3 環境行政公益訴訟における検察機関と公衆の協力モデル

3.1 事件の発端の掘出し

公衆資源の中で、当事者、マスコミ及び環境保護民間組織が事件の発端の重要な源である。すなわち、当事者にとっては、行政機関の違法な作為又は不作為により、環境利益の面で損害が生じる場合、もし公共利益にも潜在的な損害をもたらしたら、当事者自身の合法的な権利と利益

を保護する動機に基づき、検察機関に事件の状況を反映することで、公共利益に関わる事件の発端が一部手に入られる。ニュース・メディアにとっては、鋭い洞察力のお蔭で、「環境」、「政府行為」等の言葉に天然の敏感性を持ち、そのような報道は公衆の注意を呼びやすい。客観的な、真実な報道が行政機関に自分の行為を反省させることができ、検察機関に事件の発端をもたらすこともできる。環境保護民間組織にとっては、環境保護事業での積極性と異なる環境保護領域への持続的な注目が検察機関に絶えず事件の発端を提供できる。そして、環境保護民間組織が検察機関に発端を提供することにより、具体的事件での資金の使用を節約できると同時に、民間組織は、制度での参加、交流メカニズムの設立への望み、環境公共利益に対する希求等を実現することができる。

3.2　証拠提供の源

《人民検察院が公益訴訟試行作業の実施方法》第44条により、人民検察院が行政公益訴訟を提起する場合、訴状以外、国家と社会公共利益が侵害される初歩的な証明材料が必要である。第33条により、人民検察院が証拠と状況を調査又は証明する方法は、行政の相手方、利害関係人、証人等への尋問、書証、物証、視聴資料、専門問題に対する専門人員、行業協会等に尋ねた意見、鑑定、査定、会計監査等がある。その中で、当事者は行政の相手方、利害関係人、証人等として、関係ある書証、物証、視聴資料を提供することができる。ニュース・メディアの報道が一定の客観的事実に基づけば、集めた証拠材料を参考として検察機関に提供することができる。環境保護民間組織の環境問題に対する注目には大量の小材料を集めなければならない。その中には、調査や専門的な鑑定等が含まれている。民間知識資源の中では、専門家は個人又は組織の方法で事件のために鑑定又は査定を行うことができる。検察機関が正確に訴訟するなら証拠の面で確実にしなければならない。特に環境公益訴訟は他の公益訴訟より、証拠に対する要求が一層、複雑になるから、公衆の力を発揮し、証拠資料を集める必要がある。

3.3　世論の監督機能の発揮

実務においては、公衆の世論が政府の決定に影響する事例は少なくな

い。2003 年の怒江ダム事件では、環境保護 NGO が各種のシンポジウムを行い、又は参加することで、ニュース・メディアに通じ、自分らの考えを表明した他、影響された怒江の当地住民を代表して発言しようとした。各方面の専門家もいくつかのルートを通して決定者に意見を出して、異なる意見を持つ専門家たちが激しく争った。各級の政府部門が意見を集めるため、多くの活動を行なった。民衆党派、政府部門、普通住民、専門学者等、皆が意見を表明することができた[12]。2007 年、福建省アモイ市が海倉区で年産量 80 万のトンパラキシレン (PX) 化学工場を建設する際に、化学工場を建設したら、民衆の健康に害をもたらす恐れがあるから、化学工場を建設することは数百名の政協委員から連名で反対され、市民も団結して抵抗した結果、アモイ市政府は工場を止めた。公衆の世論は公共環境保護問題で企業の経営及び政府行為の調整に積極的な影響をもたらした。世論の中で、最も激しく議論されている領域は公衆が最も関心を持っている領域であり、それはある程度、公共利益を反映した。しかし、世論の監督には「キバ」がなく、言葉の「勢い」があるだけで、行政機関への強制的な「力」を持っていない。もし行政機関の行為が確かに公衆に対する環境利益に損害をもたらしたら、世論だけでは、行政機関が主動的に自己修正又は積極的な行為をすることを確保できない。環境行政公益訴訟制度の確立は公衆の世論による監督に「キバ」を与え、行政機関の違法な作為及び不作為が検察機関により起訴され、最終の司法判決の強制効力が行政機関の自己修正又は積極的に作為することを監督するのである。公衆が検察機関の「権」（環境行政公益訴訟を提起する権力）を貸し、その一方、検察機関が公衆の「勢」（公衆が環境公共利益を守る世論の勢い）を貸し、最終的に「権」と「勢」の結び付きが行政機関の積極的な合法的な行為を共同で監督することになるのである。

3.4　知識による援助の提供

先に、検察機関の苦境と民間知識資源について論述した。環境行政公益訴訟の中で検察機関外部の知識資源を利用すれば、次のような援助を提供すべきである。すなわち、高等教育機関と化学研究機構の膨大な人

材資源及びすでにあるシンクタンク等を利用することにより、政府の行政過程に成熟した研究をした専門学者、そして生態環境と資源保護というこの特別な領域に詳しい実践人員とスペシャリストを探し、複雑な事件を解決する際に、検察機関の環境行政公益訴訟のために全過程で知識の援助を提供できる。公共行政に関わる管理学、法学、社会学等を研究する学者らも、行政機関の判断に意見を提供できる。生態環境破壊、資源消耗等が公共利益にもたらす損害の原因と結果について、その領域に詳しい実践人員とスペシャリストに尋ねられる。そうすれば、検察機関の人員面での苦境を解決できる他、専門学者が社会に奉仕する機能も発揮できる。

4　環境行政公益訴訟における検察機関と公衆の協力の注意事項

4.1　事件の発端に対して正確に解決し、社会の矛盾の深化を避ける

　検察機関が環境行政公益訴訟の事件の発端で環境行政公益訴訟を提起できるかどうかについては、基準がある。それは、公共の利益に損害をもたらすかどうかである。前に述べた発端の源には当事者が提供する発端を含み、当事者が関わっている。これらの公共の利益の元で反映される私人の利益が検察機関から行政機関への監督に第三者を巻き込み、事件を複雑にする。目下、我が国の多元化行政紛争を解決する方法の一つは投書である。利益を求める投書者が行政公益訴訟に巻き込まれれば、検察機関は一層、大きな挑戦に直面することになる。例えば、調査により、提供された発端の中で、行政機関の行為は個人の利益だけではなく、公共の利益にも損害をもたらす場合、公共の利益に基づき、検察機関が行政公益訴訟の一連の手続を開始する。そうすれば、投書者にとって検察機関の判断は唯一の藁になる。その場合は、投書の矛盾は行政機関と投書者の間だけではなく、検察機関が巻き込まれ、矛盾の複雑性を増やす。検察機関が同時に行政機関と投書者からのプレッシャーに耐えることになる。その理由は、検察機関の行為が片方を支持し、そして残る一方に反対することになるからである。それ故、事件の発端を調べる

際は、科学的に行わなければならない。個人の利益を求める事件は民事訴訟と普通の行政訴訟で解決しましょうと導き、個人の利益を環境行政公益訴訟に巻き込み、社会の矛盾の深化を惹き起こすことを避けるべきである。

4.2　公衆の参加は正確に導く

　公衆の参加は「諸刃の剣」である。行政公益訴訟に公衆という主体を加えることは、発端、証拠、世論、技術をもたらすと同時に、新たな矛盾を起こしやすい。そのため、検察機関からの正確な導きが必要である。前に述べた当事者の紛争に対する解決方法の正しい説明以外に、ニュース・メディアに対しては、報道の客観性、真実性を重視しなければならず、事実を歪め、職業道徳を守らない報道なら、検察機関がニュース・メディアの誘導に従わず、事件の真実に対する調査状況により、事件を解決した後、公衆に客観的に説明すべきである。環境保護民間組織は自分自身の価値観を持っていて、怒江ダム事件では、一部の NGO が積極的に自らの価値観を宣伝したことがあって、専門家とニュース・メディアを通じて激しい討論となった。しかし、環境保護組織の一部の価値観は社会に求められておらず、「極端」とまで言われている[12]。環境保護民間組織に対しては、彼らの法律の範囲内での活動を尊重し、独立した生存空間を提供すべきである。極端な傾向に対しては、客観的に扱い、盲従することを避けるべきである。専門性を高め、知識と技術を蓄えれば、簡単な利益衝突は避けられる。その他、その立場は検察機関と組んで、行政機関の対立面に立つわけではなく、環境公益保護を動機として協力することを明確にしなければならない。

　理論的に言えば、公衆の参加は広ければ広いほど、公共の利益を広い範囲で扱うことができる。しかし、実務から見ると、すべての過程において公衆の参加が必要なわけではない。公衆の世論は行政機関が自己修正することを監督できる。そのようなメリットをもたらすと同時に、決断を足止めすることもある。それは一部の領域にとって技術性の要求がかなり厳しいからである。スティーブ・ブレイエが『悪循環を打ち破る——政府はどうすれば有効にリスクを規制できるか——』の中で、環境

規制における、公衆の安全優先のソートは専門家の見解との間に大きな差があり、規制機構が資源配置を規制する際に、環境専門家が慎重に創設したソートではなく、公衆のソートに基づいて規制することを指摘した[17]。その結果、行政機関は大量の時間を使って、科学的根拠により優先管理の問題を決めるのに代わり、公衆の考えにより最も大切な汚染又は生態破壊の問題を管理することになる。そのような行動は高いコストがかかる上に、安全の面では突破した額外の収益を得られない[17]。その場合、公共権力機関（司法機関を含む。）は技術の面で情報を一層、公開し、理性的に参加するよう公衆を誘導することが必要である。

4.3　協力の成果の正しい使い方

　前述したように、環境行政公益訴訟の中では、証拠と技術の面で公衆と協力することができる。公衆が提供する証拠、査定報告等は、検察が調査又は事件を確かめる補助資料となるが、その効力は有限で、補助的なものである。検察機関が行政公益訴訟を提起することを決めたら、その資料は国家と社会公共利益が侵害される初歩的な証明材料として裁判所に提出することになる。その他、検察機関が捜査の手続と要求により証拠を固めなければならない。これらの資料は、当然に、裁判所が環境行政公益訴訟で事件を判断する根拠となるわけではない。なぜなら、裁判所の独立、そして裁判官の独立は、超えてはならない最低のラインであるからである。

4.4　検察と監察業務の切り離し

　2018 年 3 月 11 日に可決された《中華人民共和国憲法修正案》において、監察委員会を国家機構に加えた。その後の 3 月 20 日、全国人民代表大会は《中華人民共和国監察法》を可決し、監察メカニズムの改革が実施された。その中で、人民法院、人民検察院、公安機関、会計監査機関等の国家機関の公職者が、業務中に汚職、賄賂、業務過失、瀆職等、職務違反又は職務犯罪等の問題に関する発端は、監察機関に移送すべきであり、法に基づき、監察機関が調査し、又は処置すべきであると、第 34 条に定められた。行政公益訴訟は行政機関の不作為と違法行為を処理する訴訟である。環境公益訴訟の場合、地方政府は投資を引きつけ、

GDPを上げるため、汚染企業に対し便宜を図る態度を取りやすく、業務上過失又は瀆職の行為が起こりやすい。監察メカニズムの改革精神と監察法の規定により、検察機関から業務類犯罪に対する検察権は監察機関に移転する。公衆が発端を提供する、又は利益を求める際に、事実に基づく場合もあるが、他人に対する印象から事件を判断することもある。検察機関が事件を処理するとき、自らの業務と監察機関の業務を区別しなければならない。

5 環境行政公益訴訟における検察機関と公衆の協力の実践の意義

5.1 環境行政公益訴訟の持続可能な発展の促進

行政公益訴訟は行政訴訟法における一種の特別な訴訟類型として、常に検察機関を原告とし、行政機関を被告としており、これは検察機関から行政公権力への監督である。最高検察院の統計によると、試行期間中、検察機関の勝訴率は100％[5]であり、それは検察機関にとってある種の励ましではあるが、裁判の実務と判決の規律からは非自然的現象である。試行地区では、各部門からの注目、特に検察機関の高度な注目がそのような効果をもたらしたのかもしれない。しかし、熱烈から平凡へと変わり、試行地区が制度になるなら、検察機関はどうすれば公益訴訟の提起について正確な判断をすることができるか、検察機関が行政公益訴訟に対する客観的な要求（突破ゼロ、事件類別を全面的にしようなどのスローガンなら検察機関が訴訟を提起する欲望に向かう。）のために訴訟を提起し、訴訟が氾濫する局面になるのを避けるか。それらの問題について、スコールのような試行期間が終わってから、冷静に考えなければならない。

検察機関の特別な身分は裁判所の裁判主導の地位に影響している。検察機関が敗訴の結果に責任を持つ規定がなければ、高い勝訴率は訴訟氾濫のリスクを高める。実務では、検察機関が勝訴するために、公益訴訟提起者の身分を借り、そして法律監督機関の職責を実施していることを

138

理由として、裁判所の判決に影響[4]をもたらすことがある。公衆と事件の発端、証拠、技術の面で協力することにより、訴訟の正確性を高める。その他、公衆は「再生可能」な資源と見られる。行政機関と司法機関からは特別な強調と注目がなくても、公衆による生態環境と資源保護に対する注目は定例で、非運動式である。その資源を開発し、そして協力し合えば、検察機関の選択式の監督を避けられ、環境公益訴訟の持続可能な発展を促進できる。

5.2　新時代の社会における基本的矛盾の解決の促進

　党は十九大で次のように述べている。すなわち、「中国の特色ある社会主義は新時代へと歩み、我が国の社会の主要な矛盾は人民の幸せな生活に対する日増しの需要と、平均的ではなく、そして十分ではない発展との矛盾に変わった」、「一層、多くの人に幸せな生活を作らなければならない。物質文化生活に高い要求が提出されただけではなく、民主、法治、公平、正義、安全、環境等の面での要求もますます高まっていく」、「我々が建設する現代化国家は、人と自然が平和に共生できる現代化である。多くの物質的財産と精神的財産を作り出し、人民が幸せな生活に対する日増しの需要を満たす上に、優れた生態産品を提供し、人民の、美しい生態環境に対して増えている需要を満たさなければならない」、「公衆の美しい環境への要求は、法律の規定により限定されている。公衆にとってそれに関する需要はかなり前からあるが、制度が成立するまでは、拒絶される可能性が高い。例えば、以前、浙江省、河南省、新疆等であった数件の公益訴訟事例は、《最高人民法院の、〈中華人民共和国行政訴訟法〉の執行に関する若干の問題についての解釈》第12条により、原告には資格がないという理由で訴えが却下された[18]。今、新制度が実施されたことは、公衆のために参加の途を創造し、環境権益の保護へと導き、その両者が手を組めば、公衆から生態環境問題の注目と熱意が環境行政公益訴訟制度における検察機関の難題を解決でき、司法の力で行政機関が生態環境保護の仕事を一層、重視するようになる。制度を完全にすることは、人民大衆の清潔さに対して増している環境需要に利点となるのである。

5.3 経済主導型の政治業績観の変更

以前は、地方官吏が求める政治業績の中心は経済の発展であった。中央政府が官吏考査メカニズムの中にいくつかの目標を加えたが、経済成長は多くの官吏が重視している第一の目標である（経済成長の指標は他の指標より明らかに評定しやすい。）。地域の経済成長が高ければ高いほど、地方官吏の昇進率は高い。そうなると、地方官吏は自分が在職期間中の短期的な地域経済成長だけに関心を持ち、高速の経済成長はひどい環境汚染と高いエネルギーの消耗をもたらすことを軽視してしまう[19]。客観的に言えば、環境行政公益訴訟は経済主導型の政治業績に対する環境清算である。そのような清算において、公衆の力を入れれば、広い面を覆うことができ、標的が一層、明らかになるため、地方官吏が企業に対する審査と監督管理を行うとき、企業が環境にもたらす影響を考えることになる。そして、環境汚染と資源消耗を粗放型の経済成長と交換することが避けられ、資源の節約と環境の保護という構造、産業構造、生産方式を築き上げることを促進する。これは経済主導型の政治業績観への衝撃であり、そして政府官吏への監督でもある。

5.4 司法コストと工事コストの低下

試行地区の経験から見れば、大部分の行政公益訴訟事件は訴訟前の手続で監督の役割を果たし、訴訟段階に入る事件は少ない[6]。それと同時に、学者らは訴訟前手続を行政公益訴訟事件を終える主要な方式にすることを提唱している[7]。本稿は訴訟前手続については研究しないため、ここでは議論しない。訴訟前手続には検察機関が参加する。それ故、訴訟前手続だけで監督の役目を果たせれば、無論、検察機関のコストを節約することになる。公衆は事件に検察機関が介入する前に、監督の役目を果たしている。行政公益訴訟制度により、行政機関が積極的に職責を実施させられるのである。怒江ダム建設事件では、工事の決定者が前もって公衆を引き入れず、公衆参加にとって準備不足であったため、建設段階に入る怒江ダムプロジェクトがそのまま放っておかれ、工事のコストが増加した。公衆と検察機関の協力の仕組みが築き上げられるなら、検察機関が関係ある工事の決定をする過程で、建設前にさらに詳しく論証

を行い、不必要な工事のコストの浪費を回避することができるのである。

6　結語

　我が国は、なおも経済が高度成長している国として、「金山銀山」を手に入れると同時に「緑水青山」を享受しようとするならば、国家による重視だけでは足りない。さらに、行政機関が法執行過程において厳格・公正に法執行すること、そして公衆の環境保護意識を高め、かつそれに相応しい行動をすることが必要であり、加えて、司法機関の強力な監督によってこれを保証する必要がある。環境行政公益訴訟制度の確立は、多方面からの積極的な行動を促す一つの中心点であり、この中心点をいかにうまく利用するかが、我が国の環境保護プロジェクトを一段、高めるキーポイントとなり、我々が関心を向け、考えるに値するものとなるかを決めるのである。本稿が提議したように、公衆という「資源」を利用して、検察機関との協力を繰り広げることは、現行制度の下では実行可能性がある。それは、「権」と「勢」が一つになる中で、行政機関に自己点検を促し、行政機関が公衆の地位との不均衡の故に公衆が期待しているのを無視してしまうのを打ち破り、公衆の参加の熱意に水をかける悪循環を打ち破って、検察機関が単独で行政公益訴訟制度を支えるために、絶えることのない協力の力を見つけてくれるのである。

(1)　代表的な研究として、郑春燕：《论民众诉讼》，载《法学》2001年第4期；蔡虹、梁远：《也论行政公益诉讼》，载《法学评论》2002年第3期；王太高：《新司法解释与行政公益诉讼》，载《行政法学研究》2004年第1期；张亚琼：《论我国行政公益诉讼原告资格的确认》，载《行政论坛》2008年第1期；吕忠梅：《环境公益诉讼辨析》，载《法商研究》2008年第6期；马明生：《检察机关提起行政公益诉讼制度研究》，载《中国政法大学学报》2010年第6期；林莉红、马立群：《作为客观诉讼的行政公益诉讼》，载《行政法学研究》2011年第4期；于安：公益行政诉讼及其在我国的构建，载《法学杂志》2012年第8期；杨建顺：《〈行政诉讼法〉的修改与行政公益诉讼》，载《法律适用》2012年第11期；黄学贤：《行政公益诉讼：多维的功能 未来的方向》，载《中国环境法治》2014年第1期；朱全宝：《论检察机关提起行政公益诉讼：特征、模式与程序》，载《法学杂志》2015年第4期。

(2)　人民检察院の職権範囲は《组织法》第5条（各人民检察院は、次の職権を行使する。1）国

家反逆罪、国家分裂事件又は国家政策、法律、法令、政令によって規定される重大犯罪事件に対し、検察権を行使する。2)直接受け取った事件を捜査する。3)公安機関が捜査した事件について、審査する他、逮捕、起訴又免訴することを決定する。公安機関の捜査活動が法律に従っていることを監督する。4)刑事事件について公訴を提起、又は支援する。人民法院の判決は法律に基づいていることを監督する。5)刑事事件の判決、裁定される結果の執行、刑務所、留置所、労働改造機関等の活動が合法的に行われていることを監督する。）で規定されている。しかし、それは検察機関には行政機関の違法行為と不行為に対して監督する職権があると、明確に証明できないが、行政公益訴訟の確立は検察機関には行政機関の一部の行為に対し直接に監督する職権（検察助言、なお訴訟の手段で行う。）を持っているということを、事実として証明した。それ故、《組織法》第５条の下で検察機関の職責範囲を討論しても、絵空事に過ぎない。《中華人民共和国憲法》第134条に、検察院は法律監督機関として、監督の職権は全面的であると書かれている。それ故、行政機関の違法行為への監督が含まれているのは当然である。そのような監督は、《中華人民共和国組織法》第７条に書かれているように、群衆路線を貫く規定に従うべきである。

(3) 公共権力が立法、公共政策決定、公共事務の決定又は公共管理を行う際に、公共権力機構が開放的な方法で公衆及び関係ある個人又は組織から情報をもらい、助言を受け、そしてフィードバックを通じ、公共政策決定と管理行為に影響をもたらすことを指す。それは公衆が直接に政府又は他の公共機構と交流することによって、公共事務の決定、公共管理に参加する過程である。

(4) 改正後の新《中華人民共和国民事訴訟法》は、検察機関が民事公益訴訟を提起できることを明確にした。本稿で行政公益訴訟の視点だけを扱ったのは、資格を持つ主体がない、又は資格のある主体が訴訟を提起しないことは検察機関が民事公益訴訟に介入する前提であるからである。しかも、そのような参加は公共の利益が侵害されることを前提としている。それ故、検察機関が民事公益訴訟を提起する前は、十分な公衆の参加がある（被害者が汚染企業を訴えることにつき、強い動機を持つ場合、訴えなくても、《中華人民共和国環境保護法》第58条により、環境保護公益活動を行う組織が提起できる。上述の二つの主体が提訴しない、かつ公共の利益に関わる場合に、検察機関が訴えを提起できる。でなければ、民事訴訟法の「訴えない、関わらない」原則に反する。）。検察機関が民事公益訴訟の中で直接に訴えを提起できる「公衆」という主体の跡を継ぎ、それらの主体が訴え提起しないという意向を明確にしたことに基づいて、公衆の協力の仕組みが討論する価値があるから、本文では、その二つの主体をまとめて論じる。

(5) 2017年７月３日の《人民日報》の報道では、最高検察院の統計により、2017年６月まで、各試行地区の検察機関が処理した公益訴訟事件は、合計9,053件であり、そのうち、訴訟前手続事件は7,903件、提起された訴訟事件は1,150件である。訴訟前手続事件のうち、行政機関が主体的に違法行為を正した事件は5,162件である。訴えが提起された事件のうち、人民法院により判決が出されたのは437件で、いずれも、検察機関からの訴訟請求があった。

(6) 安徽、山東、貴州等で証明可能である。参见呉貽伙:《传承"大包干"精神　为公益诉讼创造新鲜经验──专访安徽省人民检察院检察长薛江武》，载《检察日报》2017年６月20日；卢金增:《勇于创新主动担当　全力推进公益诉讼试点工作──专访山东省人民检察院检察长吴鹏

142

飛〉，載《检察日报》2017年6月16日；李波、宋国强：《维护公共利益 保驾大美贵州——专访贵州省人民检察院检察长袁本朴》，载《检察日报》2017年7月7日。

(7) 訴訟前手続は行政公益訴訟試行地区において重要な役割を果たしていたことにつき，胡卫列、迟晓燕：《从试点情况看行政公益诉讼诉前程序》，载《国家检察官学院学报》2017年第2期。訴訟前手続の価値については，胡卫列、田凯：《检察机关提起行政公益诉讼试点情况研究》，载《行政法学研究》2017年第2期。

参考文献

[1] 赵红旗. 专家建议授权检察机关全面开展公益诉讼从长远考虑应制定公益诉讼法[N]. 法制网，2017-05-02.

[2] 黄学贤. 行w政公益诉讼：研究现状与发展趋势[C]//中国行政法之回顾与展望——"中国行政法二十年"博鳌论坛暨中国法学会行政法学研究会2005年年会论文集. 苏州：苏州大学，2005：808.

[3] 倪洪涛. 从公共性行政诉讼到行政公益诉讼——从2006年典型公共性行政诉讼案谈起[J]. 湘潭大学学报（哲学社会科学版），2016，40(4)：14-23.

[4] 秦前红. 检察机关参与行政公益诉讼理论与实践的若干问题探讨[J]. 政治与法律，2016(11)：83-92.

[5] 朱全宝. 检察机关提起环境行政公益诉讼：试点检视与制度完善[J]. 法学杂志，2017，38(8)：117-123.

[6] 王晓飞. 北京还没有公益诉讼案 检方呼吁社会提供公益诉讼线索[N]. 人民网，2016-01-27.

[7] 刘超. 环境行政公益诉讼受案范围之实践考察与体系展开[J]. 政法论丛，2017(4)：50-59.

[8] 汪劲. 环境法学（第三版）[M]. 北京：北京大学出版社，2014：77.

[9] 刘超. 管制、互动与环境污染第三方治理[J]. 中国人口·资源与环境，2015，25(2)：96-104.

[10] 蔡定剑. 民主是一种现代生活[M]. 北京：社会科学文献出版社，2010：181-182.

[11] 孙洪坤. 检察机关参与环境公益诉讼的程序研究[M]. 北京：法律出版社，2013：14-15.

[12] 贾西津. 中国公民参与——案例与模式[M]. 北京：社会科学文献出版社，2008：209, 32.

[13] 中华环保联合会. 中国环保民间组织发展状况报告[R]. 北京：中华环保联合会，2006.

[14] 邓国胜. 中国环保NGO发展指数研究[J]. 中国非营利评论，2010，6(2)：200-212.

[15] 郏建荣. 高邮市"603元水污染罚单"引媒体质疑环保部要求严肃查处——环保组织或提起环境行政公益诉讼[N]. 法制日报，2016-03-22.

[16] 上海社会科学院智库研究中心. 智库报告：2013年中国智库报告[M]. 上海：上海社会科学院出版社，2014.

[17] 史蒂芬·布雷耶. 打破恶性循环：政府如何有效规制风险[M]. 宋华琳，译. 北京：法律出版社，2009：27, 11.

[18] 姜培永. 市民状告青岛规划局行政许可案——兼论我国建立公益诉讼制度的必要性与可行性[J]. 山东审判，2002(1)：59-61.

[19] 于文超. 官员政绩诉求、环境规制与企业生产效率——理论分析和中国经验证据[D]. 成都：西南财经大学，2013：50 51.

第6章 《フランス民法典》における生態損害修復規則の研究

劉　　駿

矢沢久純 訳

要　旨：2016 年 8 月 8 日の第 2016-1087 号法律は、《フランス民法典》の中に、「賠償され得る生態損害【可賠償的生态损害】」という概念を導入し、そしてこのための一個の特殊な賠償制度【机制】を創設した。ただ、生態損害を惹き起こす侵害事実【致害事实】は、依然として、主に一般法（不法行為法）に属しており、汚染者に過失があることは要求されていない。賠償され得る生態損害というのは、生態系【生态系统】の機能若しくは要素又は人が自然から得る集団的利益に対して生じさせる無視できない不利益のことである。この改革は、生態損害修復訴訟の権利者について、開放的な態度をとっている。消滅時効の期間は、権利者が生態損害を知り、又は知るべきであった日から 10 年であり、しかも最長消滅時効期間の制限を受けない。この他、フランス法は、多元的な修復措置を規定しており、その中でも、原状回復【恢复原状】の優先性を強調しており、損害賠償金の目的は環境の修復に用いられるだけである。

キーワード：生態損害、フランス法、修復、訴訟時効、原状回復、損害賠償

　フランスでは、若干の特別法を除いて、生態損害の修復に関する規範は、主に《環境法典》で定められている。2008 年 8 月 1 日、第 2008-757 号「環境責任に関する、及び適用される共同体法の環境領域の若干の条文に関する法律」〔Loi n° 2008-757 du 1er août 2008 relative à la responsabilité environnementale et à diverses dispositions d'adaptation au droit communautaire dans le domaine de l'environnement〕（以下、「2008 年法」と略称する。）が成立し⁽¹⁾、EU の 2004/35 号《環境損害の予防及び修復に関する環境責任指令》を国内に取り込んだ⁽²⁾。この法律の最大の注目点は、「環境損害（dommage causé à l'environnement）」について画定を行なったことである。すなわちそれは、環境に対する直接又は間接に測定可能な破壊であって、この破壊は、とりわけ健康、水資源、種及び生息地の保護並びに生態機能（service écologique）を害し得る。ところが、それは、環境に対する損害に及ぶに過ぎず、人身及び財産に対して生じた損失は含まれておらず、それ故、環境侵害によって損害を受けた被害者は、当該法律に基づいて損害賠償を請求することはできず、民法上の不法行為法（一般法）に基づいて請求することになる。

　当然のことながら、2008 年法はまた、比較的多くの欠陥を有していた。例えば、その実施は、主に特定の行政措置（police administrative）と県知事（préfet）の行動に依存していたので、民事責任法に基づく制度ではなかった⁽³⁾。法律の適用の面では、操作可能性に欠け、適用範囲が狭く、そして「重大な」環境損害を規制していただけだったので、2008 年法は、実務の中でほとんど用いられないという事態となった⁽⁴⁾。これらの問題は、国内への取り込み〔方〕が不適切であったがために発生したなどということでは全くなく、むしろ当該指令の原文それ自体に問題があったことが理由であった。なぜならば、その原文は、遠くない将来のEU の「東欧拡大」のことを考慮に入れて緊急に採用されたものであり、そのため多くの点で妥協がなされていたからである⁽⁵⁾。環境法のこれらの欠陥は、実務の中で、環境責任が通常は民法に基づいて出されるという事態を招いた。

　これらの欠陥を補い、判例がかつて採用した方法を確固たるものにし、賠償され得る生態損害の種類を明確にし、そして生態損害を回復させるという理念を声高らかに宣言するために、フランスは、生態損害の修復について、民法典の中で別途、規定することとした。環境法典と比べて、民法典の影響力は大きく、そして価値の高い地位にある⁽⁶⁾。2016年 8 月 8 日の第 2016-1087 号「生物多様性、自然及び風景の回復」のた

めの法律〔Loi n° 2016-1087 du 8 août 2016 pour la reconquête de la biodiversité, de la nature et des paysages〕(以下、「2016 年法」と略称する。)により、《フランス民法典》第三巻 (livre)「財産権を取得する方法」第三編 (titre)「債務の由来」第二準編 (sous-titre)「契約外責任」第三章〔Chapitre〕に、新たに「生態損害の修復〔La réparation du préjudice écologique〕」についての規定を置いた (第 1246 条乃至第 1252 条) ⁽⁷⁾。我が国の民法典の制定にとって参考となる意義のことを考慮に入れて、本稿は主として《フランス民法典》における生態損害修復規則について検討する。

一　フランス法における生態損害の画定

(一) 生態損害の定義

伝統的に、《フランス民法典》第 1382 条 (〔2016 年 2 月の《フランス民法典》大改正後の〕現行第 1240 条) は、「他人 (autrui)」に対して生じさせた損害、すなわち主観的損害 (préjudices subjectifs) についてのみ賠償させており、損害に個体性と主観性が備わっている。伝統的な不法行為法によれば、環境を害したことにより、関係する具体的人物に対して生じさせた二次的損害について賠償させることは何の困難もない。問題は、原生的、客観的環境損害についていかに賠償させるかである。環境損害がもし関係する個体の損害を惹き起こしていないのであれば、一般法に基づいて賠償を得ることは困難である ⁽⁸⁾。実体法上、損害賠償は、損害の個体性という特徴が強調される。手続法上、損害賠償訴訟は、訴えの利益を有している必要がある。フランスが「純粋生態損害」を承認するに至るまでには、一つの過程があった。

先ず、1995 年 2 月 2 日の第 95-101 号法律は、《環境法典》に第 L141-1 条を導入し、これが、社団が純粋生態損害の賠償を請求する権利を認めた。この条及び第 L142-2 条により、環境保護又は汚染防止を目的として成立が許された社団は、その目的が保護しようとしている集団的利益に対する直接的又は間接的損害が発生した場合、並びにこれらの場合が

生態環境及び自然保護の法律上の犯罪（infraction）を構成するとき、民事当事者の権利を行使することができる。社団が成立の許可を経ることを要するとか、損害を生じさせる行為が犯罪を構成することを示すといったこの規定の適用条件は、比較的厳しい[9]。その後の上述2008年法は、EU指令を国内に取り込むとき、「環境損害」を、環境に対して生じる測定可能な直接又は間接的破壊と定義した。

　判例に関して言えば、「純粋生態損害（préjudice écologique pur）」の賠償可能性は、徐々に確認されていった。一つの判例の流れは、環境保護団体の「精神的損害（préjudice moral）」の賠償を認めることを通じて、実際に生態損害を修復した[10]。とりわけ、エリカErika号汚染事件における2010年3月2日のパリ控訴院判決は、「純粋生態損害」について次のようにはっきりと定義している。すなわち、「自然環境に対する重大な損害であり、とりわけ、例えば、空気、大気圏、水、地表、土壌、風景、自然遺跡、生物多様性及びこれらの要素の相互作用であって、個体の利益にとっては影響はないが、合法的な集団的利益に損害を生じさせるもの」である[11]。破棄院は、この判決に対する上告を棄却して、この概念を確認した[12]。

　最後に、2016年法は、《フランス民法典》に第1247条を導入した。それは、「生態損害（préjudice écologique）」を「生態系の機能（fonctions）若しくは要素（éléments）又は人間が自然から得る集団的利益に対して生じる無視できない損害」と定義する。自然は法的主体ではないが、いかなる者もこれを害さないようにする義務を負う。第1247条は2種類の損害を含んでいる[13]。すなわち、第一に、環境を構成する要素又はその機能に対する損害で、具体的民事主体の利益に対するその影響から超越し、かつ独立している。これがすなわち「純粋生態損害」であり、例えば、土壌を汚染するとか水資源を汚染すること等である。第二に、「主観的、集団的損害」で、民事主体が集団で及び間接的に受ける不利益のことを指す。この不利益は、自然が人類に対して奉仕する生態機能（service）が害されて惹き起こされるものであり、しかも人類の利益に対する損害は個体の利益の総和を超えている。害された自然の生態奉仕

機能には、調節機能（気候調整機能、受粉、大気の質等）、供給機能（食物、淡水等）及び文化機能（例えば、森林や風景等が有している休息又は文化的な利点）が含まれており[14]、これらの機能は、人類と自然との間の連結点である。こうした生態奉仕機能に対する損害は、集団的損害に属し、一般的公共利益の損害ではない。

　上述の損害の分類は、明らかに、Neyret と Martin 両教授編集責任の『環境損害一覧表』の影響を受けている[15]。この明細表の典型的な特徴は、「環境に対して生じる損害（préjudices causés à l'environnement）」と「人間に対して生じる損害（préjudices causés à l'homme）」を区別していることである[16]。前者は純粋環境損害であり、後者は、環境損害又は人間に対して生じる虞のある個体の若しくは集団的不利益である。集団的損害は、生態機能に対して生じる損害と、環境保護に責任を有する私人又は公法人が守っている集団的利益が受ける損害とに分けることができる。そして、個体の損害は、経済的損害、身体的損害及び精神的損害に分けることができる。2016 年法はこの学説上の分類を参考にしたわけであるが、完全に採用したわけではない。

　損害の特徴に関しては、2016 年法は、「無視できない損害（dommage non négligeable）」があって初めて修復を得られることを明確にしている。この基準に初めて触れたのは、エリカ号汚染事件におけるパリ控訴院である。この基準は「完全賠償」原則に合致しないことを指摘する見解もあったが、しかし逆の見解は、この基準は「裁判官は些事を問わない。（De minimis non curat praetor.）」との法諺に合致するものだとしている[17]。

（二）侵害事実

　《フランス民法典》第 1246 条によれば、生態損害に対して責任を負う者がこれを修復する責めを負わねばならない。この法文は、当該損害を生じさせた原因は明確にしていない。それは、「生態損害の修復」というこの章は、一個の特別な賠償制度を確認しているに過ぎず、惹き起こされた生態損害賠償の責任という特殊な制度を定めたわけではないからである。すなわち、2016 年法は、主として、生態損害は賠償可能とい

う特徴とそれに応じた適切な修復方法を認めるものであって、環境責任の侵害事実（fait générateur）を制限するものではないのである。生態損害修復の侵害事実は依然として一般法に属し、過失、物の管理、製品の欠陥、近隣の異常な障害及び他人による行為等を含むこれらの侵害事実は、ほとんどが有責者の過失を要求していない[18]。それ故、生態損害の修復は過失責任に限定されず、過失も無過失も、どちらも生態損害の修復を発生させ得る。例えば、ある者が行政許可を得て工事を行なったところ、それが汚染を惹き起こした場合、やはりこれを賠償しなければならない。なぜなら、行政許可が出たからと言って、それが第三者の権利に影響を及ぼすことはないからである[19]。当然のことながら、一般法を除いて、危険な活動（例えば、核エネルギーや原油の海上輸送等）に適用されるいくつかの特別法もまた、有責者の過失を要求していない。

　以上をまとめると、2016年法が創設した「生態損害の修復」は、一般法によっては賠償を得ることができない生態損害に適用され、これのために、一個の特殊な賠償制度が定められたが、侵害事実はと言えば、依然として主に一般法に属する。具体的に言えば、客観的損害といくつかの集団的損害は一般法によっては賠償を得ることができないが、しかし、人又は財産に対して生じた主観的損害は一般法に基づいて賠償を得ることが可能である。

二　フランス法における生態損害の修復

（一）修復訴訟を提起する権利者

　大自然に法的人格はなく、生態損害は、性質上、客観的損害に属する。では、誰がこの集団的利益（intérêt collectif）を守る訴訟を提起することができるのか。《フランス民法典》第1248条は、「訴訟提起資格（qualité à agir）を有し、そして事件につき訴えの利益（intérêt à agir）を有する者は、生態損害賠償訴訟を提起することができる。例えば、国、フランス生物多様性機構（l'Agence française pour la biodiversité）[20]、損害が及ぶ地方公共団体（collectivités territoriales）によって構成され

る地方公共団体及び財政的に援助されている公法人（établissements publics）並びに訴訟提起時点で、成立が許され、又は設立されて5年が経過した、自然環境保護を目的とする社団である。」と定めている。この条の前段の「訴訟提起資格を有し、そして事件につき訴えの利益を有する者は、生態損害賠償訴訟を提起することができる」は、《民事訴訟法典》第31条と重複している。いわゆる「訴えの利益」というのは、提出された訴訟請求が当事者の法的状況を向上させる可能性があることであり、この利益は、現実的、積極的、具体的、直接的といった特徴を備えていなければならない[21]。原則として、訴えの利益があれば訴訟提起資格もある。しかしながら、法律が特定の者にのみ訴訟提起資格を与える場合もある。例えば、離婚訴訟は配偶者だけがこれを提起することができ、子は、利害関係があってもこれを提起することはできない。また、例えば、子だけが認知の訴えを提起することができる[22]。

　それ故、法律は、資格を有し、そして係争事実について訴えの利益のある団体又は個人に生態損害賠償訴訟を提起することを認めている。この開放式の規定は、民事訴訟法の当事者資格についての一般的規定と一致している。「例えば」という語は、このリストが開放的である〔＝限定列挙ではない〕ことを示している[23]。例として、農民や現地の同一民族グループ【族群】らは、環境と密接に関係する者である。当然のことながら、生態損害賠償を提起する主体につき開放的な態度をとっていることについては、争いがないわけではない。生態損害賠償訴訟を提起できる権利者を制限することを提言する学者もいる[24]。その理由は、次のようなものである[25]。すなわち、先ず第一に、権利主体が多すぎるとあまりに多くの訴訟が起きる可能性があり、司法の効率の低下を招く。第二に、訴えの利益は個人的なものであるべきことを考慮すると、生態系というこの種の集団的利益を守ることは、特別に決められた者が行使すべきである。既判力（autorité de la chose jugée）の面では、もし法律上の又は技術的な能力が足りていない者が訴訟を起こし、後に訴訟を起こす者が請求棄却の既判力を受け継ぐということが起きるとすれば、甚だしきに至っては、ある個人又は団体を操って訴えを棄却する判決を得させる被

告が現れないとも限らないわけで、こうなれば、これを根拠にもはや賠償されなくなってしまう。

　しかし、生態損害賠償訴訟を提起することができる権利者を厳格に制限しないことで、公衆の参画を励ますことができる。とりわけ、それは、公権力の懈怠を防ぐことができる。なぜなら、公権力は多くの場合、環境汚染の有責者であるとともに訴訟権利者でもあり、各種の経済的及び社会的圧力を受けて、訴訟を起こそうとしないこともあるからである。しかも、権利者が訴訟を提起しても生態損害の修復になるだけで、自身が賠償を手に入れるわけではないことに留意すれば、開放的態度をとることは立法目的にかなうことになる[26]。開放的態度をとることはまた、《オーフス条約》[訳注1]の精神にも合致する[27]。この他に、問題の鍵は、誰が訴訟を提起する権利を持っているのかではなく、誰が生態損害の賠償措置を具体的に実施することができるのか、である[28]。すなわち、一方で、修復措置の具体的な実施には専門的な知識と技能が備わっている者が求められる。つまり、効率的な修復は特定の修復人に頼ることになる。また一方で、中立の者又は組織が修復しなければならず、多くの修復人がいるときには、その者たちの作業の調整が必要となる。

　第1248条が列挙している権利主体の中で、実務上、最も頻繁に環境損害訴訟を提起するのは、各種の社団である。訴訟の氾濫を防止するために、法律は、環境保護を目的とする社団は訴訟提起時に少なくとも設立後5年は経過していることを求めている。しかし、《環境法典》第L142-2条等と比べると、《フランス民法典》第1248条は、環境保護を目的とする社団が「許可」を経て成立することは求めていない。

（二）既判力と時効

　訴訟の提起主体と密接に関係してくるのが既判力規則である[29]。生態損害訴訟を提起できる権利者を法律が明確にするということが、高い目標から訴訟を制御する安全性であると言うとすれば、そのような既判力規則は、訴訟後に判決の安定性を保障するものである。ある純粋生態損害についての訴訟提起後に、その他の権利主体がこの目的のために提起する訴訟は、既判力規則の影響を受けるのか。以前、この法律の草案につ

いて議論した際、以下の 3 種の見解があった[30]。すなわち、

　第一は、純粋生態損害賠償訴訟の判決に対世（erga omnes）効を与えるという見解。

　第二は、同一の純粋生態損害に対して新たな訴訟の提起を認めるという見解。〔この見解は、〕以前にこれについて訴訟を提起した者がいたとしても、肯定する。

　第三は、中間的な行き方で、賠償を得ていない生態損害は既判力規則の制限を受けず、権利者は賠償の請求を続けることができる、と主張する。例えば、Viney によれば、「自然資源の損害について賠償を求める訴訟は、もしこの損害がそれ以前に同一事件の同一の被告に対する訴訟において塡補を得ていたならば、受理されない。」[31]こうした見解が多数説である。

　ところが、2016 年法は、この問題を避けてしまった。この問題は将来の判例に解決が委ねられたのか、それとも一般法の規則を適用することになるのか、目下のところ、なお、はっきりしていない。

　この他にも、生態損害修復訴訟を提起する訴訟時効にも特殊性がある。民事責任の領域においては、一般的に言って、主観的訴訟時効は、権利者が損害の事実について知り、又は知るべきであった日から起算して 5 年であり（《民法典》第 2224 条）、客観的訴訟時効は、権利発生の日から起算して 30 年である（《民法典》第 2232 条）。《環境法典》第 152-1 条は、活動の損害の修復について、特別な訴訟時効を規定した。この条文はかつて、「本法が定める設置、大工事、小工事及び活動により生じた環境損害を修復する財産上の義務は、損害発生から 30 年で消滅する。」と定めていた。

　しかし、上述の規定は環境損害の特殊性のことを考えていないとして批判する学者がいた。環境責任の領域においては、侵害の事実と損害の出現の時期に差が発生することがある。すなわち、環境損害は、侵害事実発生後、時が経ってから出現し、知ることになる[32]。それ故、2016 年法は、生態損害修復の訴訟時効についての特別規定を追加した。すなわち、「生態損害修復の訴えについては、訴訟権利者が生態損害の出現を

知り、又は知るべきであった日から 10 年で消滅する。」(《民法典》第
2226-1 条)。しかも、この権利の行使は、最長訴訟時効の制限を受けな
い（第 2232 条）。この規定は、身体損害賠償訴訟の時効と同じである。
それと同時に、《環境法典》第 152-1 条も改正されて、《民法典》第
2226-1 条と同じになっている。

(三) 修復措置

　《フランス民法典》第 1249 条第 1 項によると、生態損害は、「原状回
復（réparation en nature）」を優先的に適用する。一般法上、一般的に
は、裁判官は、当事者の訴求後のことを考慮して、損害塡補の具体的措
置を自由に決定する。しかし、生態損害の特殊性の故に、ここでは「原
状回復」を優先している。大自然又は環境はいわゆる「責任財産」を持
っておらず、具体的な措置を経ることによってしか生態の償いを得るこ
とができず、金銭賠償では環境に対する損害を直接、除去することがで
きない。「原状回復」の優先性を確認することと《環境法典》第 L162-9
条は一致しており、後者が定める 3 種類の原状回復措置は、当然のこと
ながら、民法典の中の生態損害の修復にも適用され得る[33]。第一は「基礎
的修復（réparation primaire）」であり、損害を受けた自然の成分を元々
の状態に回復させることである。例えば、汚染物質を取り除くとか、あ
るいは植被を交換すること等である。この措置では元々の状態に戻すこ
とができない、又はこの回復があまりにも長期化するときは、「補充的
修復（réparation complémentaire）」を行う必要がある。すなわち、最
も適切な代替措置を提供する。例えば、生態損害を受けたある生息地が
基礎的修復を得ることができないときは、当該生息地と類似の特徴を持
つ別の自然条件を向上させて、修復措置とすることができる。最後に、
「賠償的修復（réparation compensatoire）」があり、これは、生態損害
が発生したときの基礎的修復又は補充的修復がその効果をもたらす間に
生じる生態機能の損失を修復するものである。

　直後の第 1249 条第 2 項は、「原状回復優先」〔原則〕の例外を規定して
いる。原状回復が法律的に不能又は事実的に不能であるとき、及び原状
回復措置が十分でないか、又は修復措置が経済的に極めて不合理である

とき、裁判官は有責者に環境修復の損害賠償の支払いを命じる旨の判決を下す。

　実務において、原状回復と損害賠償を併用した事例も登場している[34]。しかしながら、損害賠償を適用するときは、原告はその賠償金を生態環境の修復に用いなければならず、この点で一般法上の被害者が手に入れる損害賠償金と区別される。原告が環境の修復のために有益な措置を講じることができないときは、国が損害賠償金を環境修復に用いる。なぜならば、共同財産たる「生態環境」の損害の賠償については、ある個人又はある団体が利益を得ることはできないからである。かつて、ある学者が、一個の全国的な環境賠償基金を設立し、必要なときはこの経済的賠償を管理するべきであると提案したが[35]、しかし、2016 年法では採用されなかった。

　生態環境の修復は《民法典》が根拠となるだけでなく、《環境法典》も根拠となるので、問題となる修復措置には、原状回復、損害賠償、行政措置等がある。それ故、完全賠償原則に基づいて、裁判官は、生態損害の評価を行うとき、すでに採用された修復措置について考慮しなければならない（第 1249 条第 3 項）。損害賠償の額について、2016 年のある事件において[36]、破棄院は次のように解した。すなわち、上訴裁判所の裁判官は上訴人が提出した損害評価方法が不適切又は不備があることを以て、存在する生態損害の賠償を拒絶することは許されず、生態損害賠償の額を確定させなければならない。そのために、必要であれば、専門家の鑑定に助けを求めることができる。

　裁判官が採用する修復措置について判決するとき、罰金により強制（astreinte）の力を増すことができる。すなわち、もし債務者が効力の生じた判決によって確定された義務を履行しないならば、これにより一定の罰金を支払わなければならない[37]。裁判官が判決で修復措置を確定させ、そして罰金を付帯させて強制するとき、罰金は、裁判官によって清算され、原告に支払うことを強制する。原告はそれを環境の修復に用いるわけだが、もし原告が有益な措置をとって環境を修復することができないときは、国がこの金銭を受け取って、環境を修復する（第 1250 条）。

この他、生態損害の修復の領域では、2016年法は予防的民事責任方式を明確に規定した。損害発生の前に、裁判官は、第1248条が言及している、損害と利害関係のある者の請求により、合理的措置をとり、そうして損害を予防し、やめさせるように、要求することができる（第1252条）。

三　結語

　生態損害の修復について、フランスには主に2種類の規範体系が存在する。すなわち、《環境法典》が定める行政措置と《フランス民法典》が定める民事責任であり、実務においては後者が主である。後者は「生態損害」を「生態系の機能若しくは要素又は人が自然から得る集団的利益に対して生じる無視できない損害」と定義している。《民法典》における生態損害修復責任の侵害事実は、依然として一般法に属しており、過失があろうがなかろうが、賠償責任を生じさせる。賠償訴訟を提起する権利者について、《フランス民法典》は一種の開放的態度をとっており、訴訟提起資格（qualité à agir）を備え、そして事件につき訴えの利益（intérêt à agir）を有することだけを要求している。それ故、環境保護への公衆の参画を支援している。

　生態損害修復訴訟の訴訟時効期間は10年であり、権利者が生態損害の出現を知り、又は知るべきであった日から起算され、しかも、最長訴訟時効期間の制限を受けない。既判力の面では、主流の学説は、賠償を受けていない純粋生態損害については権利者は再度、主張することができることを提唱している。フランス法はまた、多元的な生態損害修復措置を定めており、生態損害は「原状回復」を優先的に適用する。この措置ができない、又は不適当であるときは、損害賠償によって代替される。しかし、損害賠償は、環境の修復のために用いられるだけである。裁判官はまた、規定されている修復措置について罰金により強制の力を増すことができ、有責者に対し、直ちに修復するよう督促することができる。事後の修復以外にも、裁判官はまた、関連する権利者の請求の下

で、合理的な措置をとって損害の発生を予防し、又は侵害の停止を求め
ることを命ずることができる。

(1)　国内に取り込んだ後の条文は、主に、《環境法典》第L. 160-1条以下及び第R.161-1条以下
である。

(2)　La directive 2004/35/CE du Parlement européen et du Conseil du 21 avril 2004 sur la
responsabilité environnementale en ce qui concerne la prévention et la réparation des
dom mages environnementaux. この中国語訳については、《欧盟〈关于预防和补救环境损害
的环境责任指令〉》，工轩译，载沈四宝、王军主编：《国际商法论丛》（第9卷），法律出版
社2008年版，第397页参照。

(3)　Le Rapport du Groupe de travail installé par Mme Christiane Taubira, Garde des
sceaux,et dirigé par M. Y. Jégouzo, «Pour la réparation du préjudice écologique», p. 9.

(4)　G. Viney, P. Jourdain et S. Carval, *Les régimes spéciaux et l'assurance de
responsabilité*, LGDJ, 2017, n° 196, p. 250.

(5)　G.-J. Martin, «Réflexions autour du nouveau régime de réparation du préjudice
écologique introduit dans le code civil par la loi biodiversité», *Mélanges en l'honneur de
François Collart Dutilleul*, Dalloz, 2018, p. 508.

(6)　Ibid.

(7)　当時の条文の条数は、第1386-19条から第1386-22条であり、2016年10月１日に債権法改正
の条文の効力が生じてからは、第1246条から第1252条に変更になった。我が国において、
2016年法の草案について論じたものとして、参见竺效：《论生态损害综合预防与救济的立法
路径——以法国民法典侵权责任条款修改法案为借鉴》，《比较法研究》2016年第３期，第15页。

(8)　G. Viney, P. Jourdain et S. Carval, o.c., n° 196, p. 250 à 251.

(9)　この規定に厳格に拘束されずに、「一つの社団は、集団の利益がその目的の範囲内に入るの
である限り、集団の利益の名で訴訟を提起することができる。」と述べている裁判例もある。
V. Cass. Civ. 3e, 26 sept. 2007, n° 04-20636, *D.* 2007, p. 2535, obs. A. Vincent; *RTD* civ.
2008. 505, obs. P. Jourdain.

(10)　M. Bacache-Gibeilli, *Les obligations, la responsabilité civile et extracontractuelle*,
Economica, 2016, p. 556, n° 464.

(11)　CA Paris, 30 mars 2010, *JCP G* 2010, n° 432, p. 804, note K. Le Couviour; *D.* 2010,
p. 2468, obs. F.-G. Trébulle; TGI Paris, 16 janv. 2008, *JCP G* 2008, I, p. 126, note K. Le
Couviour; *D.* 2008, p. 2681.

(12)　Cass. Crim. 25 sept. 2012, n° 10-82.938, *D.* 2012, p. 2711, note P. Delebecque, et p.
2564, obs. F.-G. Trébulle.

(13)　A. Van Lang, «la loi Biodiversité du 8 août 2016: une ambivalence assumée», AJDA
2016, p. 2381; L. Neyret, «La consécration du préjudice écologique dans le code civil»,
D. 2017, p. 924. 反対の見解は、第1247条は「純粋生態損害」を確認しているだけであり、
しかもこの2種類の損害は重なり合う可能性がある、と解する。V. G. Viney, P.Jourdain et S.

157

Carval, *o.c.*, p. 289, n° 219; P. Jourdain, «l'émergence de nouveaux préjudices: l'exemple du préjudice écologique», in *Quel avenir pour la responsabilité civile* (sous la direction d'Yves Lequette et de Nicolas Molfessis) ? Dalloz, 2015, p. 82.

(14)　G. Viney, P. Jourdain et S. Carval, *o.c.*, p. 288, n° 219.

(15)　L. Neyret et G.-J. Martin (dir.), *Nomenclature des préjudices environnementaux*, LGDJ, 2012, p. 9.

(16)　L. Neyret et G.-J. Martin (dir.), *Nomenclature des préjudices environnementaux, o.c.*, pp. 10 et s.

(17)　«Pour la réparation du préjudice écologique», p. 19.

(18)　G. Viney, P. Jourdain et S. Carval, *o.c.*, p. 272, n° 211.

(19)　L. Neyret, «La consécration du préjudice écologique dans le code civil», *o.c.*, p. 924.

(20)　2016年8月8日の生物多様性保護法が作られてからは、生態変遷部に属している。

(21)　S. Guinchard, F. Ferrand et C. Chainais, *Procédure civile*, Dalloz, 5e éd., 2017, p. 43, n° 68 et s.

(22)　*Ibid.*, p. 47, n° 82 et s.

(23)　L. Neyret, «La consécration du préjudice écologique dans le code civil», *o.c.*, p. 924 et s.; F.-G. Trébulle, «La consécration de l'accueil du préjudice écologique dans le Code civil», *Énergie-Environnement-Infrastructures*, nov. 2016, n° 9.

(24)　G. Viney, « L'espoir d'une recodification du droit de la responsabilité civile», *D.* 2016, p. 1378; «Pour la réparation du préjudice écologique», p. 24.

(25)　«Pour la réparation du préjudice écologique», p. 24.

(26)　F.-G. Trébulle, «La consécration de l'accueil du préjudice écologique dans le Code civil»,*o.c.*, n° 11.

(27)　フランスはこの条約の署名国であり、この条約の第9条第3項は、「上記第1項、第2項に述べられた審査手続きに加え、かつこれらを侵害することなく、各締約国は、国内法で規定している要件がある場合には、その要件に合致する公衆が、環境に関連する国内法規に違反する私人および公的機関の作為および不作為について争うための行政または司法手続きへのアクセスができること、を確保しなければならない。」〔訳注2〕と定めている。

(28)　Association des Professionnels du Contentieux Économique et Financier Commission «Préjudice écologique», «La réparation du préjudice écologique en pratique», 2016, p. 33.

(29)　既判力の一般的規則については、《民事訴訟法典》第480条及び《フランス民法典》第1351条参照。

(30)　«Pour la réparation du préjudice écologique», p. 30.

(31)　G. Viney, «L'espoir d'une recodification du droit de la responsabilité civile», *D.* 2016, p. 1378.

(32)　«Pour la réparation du préjudice écologique», proposition n° 5 et p. 33.

(33)　これは、EU の2004/35号《環境損害の予防及び修復に関する環境責任指令》の附属文書二を国内に取り込んだことによる結果である。

(34) Cass. Crim. 22 mars 2016, n° 13-87650, *D.* 2016, p. 1236, note A.-S. Epstein; *RTD civ.* 2016, p. 634, obs. P. Jourdain.

(35) «Pour la réparation du préjudice écologique», p. 50.

(36) Cass. Crim. 22 mars 2016, n° 13-87650, *D.* 2016, p. 1236, note A.-S. Epstein; *RTD civ.* 2016, p. 634, obs. P. Jourdain. この事案では、依然として、一般法を適用して判決が出されている。いまのところ、《民法典》第1246条乃至第1252条を直接、適用した事件は存在しない。

(37) フランス法における「罰金強制」については、参見韩世远：《合同法总论》，法律出版社2018年第4版，第764页。

〔訳注1〕オーフス条約（Aarhus Convention）というのは、1998年6月25日にデンマークのオーフスにて作成された条約で、正式名称は、"CONVENTION ON ACCESS TO INFORMATION, PUBLIC PARTICIPATION IN DECISION-MAKING AND ACCESS TO JUSTICE IN ENVIRONMENTAL MATTERS"であり、その日本語訳は「環境に関する、情報へのアクセス、意思決定における公衆参画、司法へのアクセスに関する条約」である（オーフス条約を日本で実現するNGOネットワーク（略して、「オーフス・ネット」）訳）。日本はまだ加盟していない。オーフス・ネット及び日本語訳については、http://www.aarhusjapan.org/index.html 参照（2020年6月28日アクセス）。

〔訳注2〕オーフス・ネット訳。出典は〔訳注1〕参照。

第7章　生態破壊責任とその条文化の道筋

梅　　宏

矢沢久純
斉　　青　訳

要　旨：「環境汚染及び生態破壊責任」という用語は、「環境汚染又
　　　　は生態破壊により他人に損害を惹き起こす不法行為責任」と
　　　　「生態環境損害賠償責任」を同時に含めることができるもの
　　　　であり、我が国が環境責任制度を打ち立てて、完全なものと
　　　　するために、民事基本法の基礎を舗装した。生態破壊責任
　　　　は、公法的性質と私法的性質を併せ持っている。被害対象の
　　　　特殊性、責任確定の複雑性、責任負担の切迫性と困難性の故
　　　　に、公法的性質の責任が主たる内容となる。民事責任という
　　　　「外皮」の助けを借りた内容が民法典の中に規定されること
　　　　によって、環境時代の《民法典・不法行為責任編》が生態破
　　　　壊責任を受け入れるための制度の創造を具体的に表してい
　　　　る。それを全面的に条文化する【入法】ためには、環境法が
　　　　生態破壊に的を絞って、予防責任、監督管理責任及び社会責
　　　　任を確立し、環境法と民法の結び付きと調和を実現させる必
　　　　要がある。

キーワード：生態破壊責任、生態破壊が他人に損害を惹き起こす不
　　　　　　法行為責任、生態環境損害賠償責任

　《中華人民共和国民法典》（草案、2019年12月16日稿）[1]（以下、「《民
法典》（草案）」と略称する。）不法行為責任編の第七章の表題「環境汚染
及び生態破壊責任」並びに第1229条の言い回しは、《民法典・不法行為
責任編》（草案）の「一審稿」、「二審稿」と比べると、大きく変更された。
法案の「僅かな変更」でも立法者の何重もの思慮を反映するのであるか

ら、そのための章の表題を何度も変更したことはその意味があるだろう。2009 年 12 月 26 日に可決された《不法行為責任法》第八章の表題「環境汚染責任」及び 2014 年 4 月 24 日修正可決された《環境保護法》第 64 条の規定に関連して、立法者は前者の法律の用語を承継し、「生態破壊責任」という新たに増やした内容を「環境汚染責任」と併せて、2 種類の原因による責任を一章に総称する方が、分かりやすいし、交流しやすくなるし、公法的規制思考を表しているのもよく理解できる。増えた思考とは、生態破壊責任である。我が国の法学界では、生態損害について、どう救済するのか、民事責任体系に織り込めるのかに関して、激しい争いがあった[2]。《民法典》(草案) 不法行為責任編第七章の七ヶ条の規定では、「環境汚染及び生態破壊行為」によって惹き起こされた「人的損害」(第 1229 条) と「生態環境損害」(第 1234 条) が含まれているが、生態破壊責任が環境汚染責任の特徴との違いを十分に表していないことで[3]、生態破壊責任の名称、内包、性質などの問題は、依然として、学理と合わせて分析する必要がある。本稿では、《民法典》(草案) が新たに増やした「生態破壊責任」に焦点を合わせてはっきりさせようとするとき、主に「生態破壊が惹き起こす損害の責任及びその条文化の道筋」を論じ[4]、「環境汚染及び生態破壊責任」という言い方と切り離すのではなく、環境汚染責任を無視するのでもない。むしろ、生態破壊責任と環境汚染責任との共通点と「個性」を明らかにし、環境時代[1]の《民法典》(草案) 不法行為責任編が生態環境責任を受け入れるために行う制度の創造を肯定して、環境立法が生態破壊責任を一段と規定する必要性と思考を提出するのである。

一 「生態破壊責任」と「生態破壊が他人に損害を惹き起こす 不法行為責任」の区別と分析

生態破壊とは、人類が不合理に環境の一つ又は複数の要素を開発利用し、過剰又は不適切に環境から物質とエネルギーを求めることにより、それらの数が減少し、質が下がることで、その環境効能が破壊され、又

は低下し、生態がアンバランスになり、資源が枯渇することにより、人類及びその他の生物の生存と発展に危害が及ぶという現象である[2]。法的に見た生態破壊は、環境問題[(5)]又は環境損害[(6)]の一種の表現形式として、法が人為的原因による生態破壊により惹き起こされる損害にどう応対するのかを考える。この損害は、かつての法律が定めた「損害」と大きく異なっており、その影響は広く、被害主体は広範かつ確定困難で、ひとたび発生すればその結果は消去し難いどころか回復できない。現象、事実又は損害結果としての「生態破壊」は、重点を置く点が、行為を表す「生態を破壊する」と異なるが、しかし、いずれも「生態」が最初に攻撃を受ける被害対象であることを表している。一般的な意味で言うと、生態とは、一つの生命体が外部の支持条件と相互に作用するシステムとその運行が形成する機能のことである。自然の自己回復、適応及び再均衡能力に基づき、常に生態系機能を破壊するタイプの損害が発生するわけではない。生態破壊がひとたび発生すれば、責任主体及びその行為の不法性を確認することは容易ではない。当面の急務は、往々にして、賠償を迫ることではなく、応急措置であり、直ちに損害を止め、監視し、事前警戒【預警】を行い、生態リスクを防止し、生態系崩壊が誘発する連鎖反応を避けることである。生態破壊又は生態破壊を起こし得るリスクのある事件に応対するとき、関係する環境事務管理部門が、科学的な生態リスク評価及び生態損害評価に基づき、早急に公権力を用いて全面的に業務を展開する必要がある。関係する責任者に対して、損害の発生又は拡大を防ぎ、そして環境を回復する義務を課す。行政強制又は行政代執行等の方式で生態回復を保障するのである。こうしたことから、生態破壊責任は、その被害対象の特殊性、責任確定の複雑性、責任負担の切迫性と困難性の故に、公法的性質の責任が主たる内容とならねばならないだけでなく、私法的性質の責任はしばしば被害者が生態破壊責任を追及する出発点となり、害された生態系の国民の訴求に対して法律が与える回答でもある。「城門火を失し、殃堀の魚に及ぶ【城門失火，殃及池魚】」。被害者が池の魚の損害賠償を主張し、郷里を再建するために資金援助を勝ち取るのである。資金援助があれば、水を替え、水を引

163

き、水を養生することは、池の魚の生育に有利であるとともに、客観的に見て生態の回復にも有利である。当然のことながら、被害者が受け取る損害賠償金が城の堀の修復に足りなければ、なおのこと、火災が発生した都市の生態を修復する要点にならない。

《民法典》(草案) 第 1229 条は「損害」を「環境汚染又は生態破壊により他人に損害を生ぜしめたとき」という状況に限定するが[7]、しかし、環境汚染又は生態破壊が惹き起こす損害は「他人の損害」に限定されず、生態系の機能及び生態系の要素(環境要素、自然資源要素)自体の損害も含まれる。これに呼応して、環境汚染と生態破壊の責任の法律規定もまた民法典の範疇に限定されず、汚染された環境と破壊された生態を修復するために関連主体に公法的責任を負わせる環境法規定も含まれる。

「生態破壊により惹き起こされる損害」の責任については、我が国の 2014 年《環境保護法》改正のときに、言及された。その第 64 条は、「環境汚染及び生態破壊により損害を生ぜしめたときは、《中華人民共和国不法行為責任法》の関係規定に基づいて、不法行為責任を負わなければならない。」と規定した。当時の改正に際しては、「生態破壊により惹き起こされる損害」という問題が意識されていた。ある学者曰く、「《環境保護法》改正もまた、まさしく『生態破壊の行為』は環境汚染の行為ではないということをもって論理の出発点としているということである」[3]。しかしながら、この、我が国の環境領域の一般法が、法規の適用という点で、《不法行為責任法》が定める不法行為責任を直接、引いてきているのであり、これでは、問題は有効な解決に至っていない。先ず、《不法行為責任法》第 65 条から第 68 条が規定しているのは環境汚染責任であって、実務において生態破壊の規制を支援するのは困難であることを示している。次のような指摘をする学者もいる。すなわち、《環境保護法》は直接、準用の規則を通じて、関係の環境不法行為責任が負う内容を完全に《不法行為法》の中に組み入れることは妥当ではなく、環境不法行為法の救済システムを構築するとき、環境立法であることを明確にし、環境汚染型の不法行為と生態破壊型の不法行為との論理関係を調整し、関係の環境公益の内容を細分化することで、環境保護法と不法行為責任

法を調和させて、立法漏れによって生じる問題を解決しなければならない、と [4]。それとは別に、《環境保護法》施行の年に、中国共産党中央弁公庁と国務院弁公庁が《生態環境損害賠償制度改革の試行規定案【生态环境损害赔偿制度改革试点方案】》(中办发〔2015〕57 号) を発行した。この 5 年で、生態環境損害賠償制度改革は 7 省市で試行され[8]、全国に試行が拡大された。2020 年には、全国規模で、責任が明確化され、手段が順調で、技術的規範・保障が有力で、賠償が所定のレベルに達し、回復が有効な生態環境損害賠償制度を一応、構築するように努める。《民法典》(草案) 第七章は、「生態環境損害賠償責任」を表題としておらず、側面で、生態環境損害賠償制度は《民法典》(草案) 不法行為責任編第七章の規定だけでなく、環境法で専門的、全面的に規定する必要があることを反映しているのである。

　それならば、「環境汚染及び生態破壊責任」と「生態環境損害賠償責任」はどのような関係にあるのか。前者が「文字通り」であるのに比して、後者は更に専門的な解釈が必要である。《生態環境損害賠償制度改革規定案》においては、「生態環境損害」を、「環境汚染又は生態破壊により惹き起こされる大気、地上水、地下水、土壌、森林等の環境要素及び植物、動物、微生物等の生物要素の不利な変更、並びに上記要素からなる生態系の機能の退化」としている。現実の生態破壊は、往々にして、環境汚染と共生し、同一又は混合した原因行為によって招かれ、その結果は概して「生態環境損害」と称され得る。このことから、生態環境損害の原因行為は環境汚染と生態破壊の二種類があることが分かり、まさしく《環境保護法》第 64 条の「環境汚染及び生態破壊により損害を生ぜしめ」る状況に相応する。これに応じて、生態環境損害賠償責任は環境汚染及び生態破壊により生じた損害の結果の責任であるが、しかし、この種の結果責任は、「汚染した者が、それを治める、破壊した者が、回復する。」の原則に基づいて、生態環境損害を惹き起こした有責者が賠償責任を負うのであり、害を受けた生態環境を修復することを旨としているのである。ひとことで言えば、生態環境損害賠償責任は責任の補塡を主としており、それ故に「賠償責任」というわけであるが、しかし、そ

の責任の形式や責任の性質は民事責任に限定されず、環境法学の専門的理論と結び付けて理解する必要がある用語である。「環境汚染及び生態破壊責任」は、不法行為責任の範疇においては、「環境汚染又は生態破壊が他人に損害を惹き起こす不法行為責任」と理解することができるのに対して、環境責任の範疇においては、環境汚染及び生態破壊が惹き起こす損害に応対するときに総合的に用いる必要がある環境不法行為責任、生態環境損害賠償責任及び（又は）環境行政責任、環境刑事責任と理解すべきである。

二　環境法の視点から見た生態破壊責任

生態破壊は、通常、環境汚染よりもひどく、複雑で、それが表すものは、残存性【緩释性】、不確実性、不可逆性を有しており、その「多くの原因による一つの結果【多因一果】」という特徴、そして帰責し難いといった特徴は、法が対応する難題を多くさせ、伝統的な民法上の不法行為とは、侵害する主体、被侵害利益及び被侵害結果という点で、違いが顕著である。環境汚染と比べて、科学的に、生態破壊の発生メカニズムに対する認知度は低く、技術的に、生態破壊に対する監視、事前警戒、緊急反応、損害の算定【損害評估】及び司法の鑑定の能力が未だ十分ではない。生態破壊が法に対して提起している問題には挑戦性があるが、伝統的な民法、行政法、刑法及び科学技術法は生態破壊に特に関心を示していない。我が国の現行法は、損害賠償という点で汚染損害行為だけを規定し、生態破壊に及んでおらず[5]、伝統的な法的責任を根拠とするだけでは、生態破壊が影響を及ぼす社会関係を有効に規制するのは難しい。こうして、新興の環境法が「自ら先頭に立って」、生態破壊により生じた損害という法律問題に直面することになるのである。

(一) 生態破壊責任の特徴と、中国及び外国における環境文書の中での確立過程

現時点において、我が国においては、生態環境損害賠償制度は未だ条文化されておらず、それに関する規定は主に《生態環境損害賠償制度改

革規定案【生态环境损害赔偿制度改革方案】》(以下、《改革規定案》と略称する。）に示されている。その中で、「環境には価値があり、損害には責任を負わせる」という原則を明確にしており、ここでの「損害」が生態環境損害であり、「責任」が生態環境損害賠償責任である。《改革規定案》が謳っているところによれば、「比較的大きな、及びそれ以上の突発的環境事件が発生したとき」、「国及び省級の主体機能区域計画の中で画定された重点生態機能区域又は開発禁止区域で環境汚染又は生態破壊事件が発生したとき」並びに「その他、生態環境に重大な影響をもたらす結果が発生するとき」は、法律に基づいて生態環境損害賠償責任を追及する。生態環境損害賠償義務者について言えば、同一の生態環境損害行為により行政責任又は刑事責任を負わねばならないときは、法律に基づいて生態環境損害賠償責任を負うことに影響を及ぼさない。《改革規定案》を総合的に観察すれば、重大な環境汚染又は生態破壊事件が惹き起こす法的責任は生態環境損害賠償責任を含んでいるが、しかしそれに限られず、関係する行政責任及び刑事責任をも含んでいる。これは以下のことを意味する。すなわち、生態破壊責任は私法的性質と公法的性質を併せ持つ総合的性質の法的責任であること、同一の目的、つまり全般的な予防、生態破壊と関係する法律問題に対応して、生態破壊の発生を防ぎ、害された生態環境を修復し、又は賠償請求を通じて修復を代わりに実現することに奉仕するのである。

　不法行為責任の言語環境の中で、「生態破壊により惹き起こされる損害の」不法行為責任は、「環境汚染により惹き起こされる損害の」不法行為責任よりもはるかに複雑である。自然的特徴から分析すると、環境汚染行為の対象は通常、一つ又はいくつかの環境要素に基づいており、生産や生活における排出式（又は「インプット式」）活動が環境要素の元々ある質の劣化を惹き起こし、物質の循環、汚染物質の濃度又は密度の低下、汚染物質自体の壊変等の方法を通じて、汚染を消去又は低下させることができる。これは、生態系の機能性損害を消去することと比べて容易である。法律上のメカニズムから分析すると、環境汚染が惹き起こす損害、例えば、水質汚濁、大気汚染、騒音公害、放射能汚染は、人々の

生活環境と切っても切れない関係にあるので、行為が直接、環境要素に作用し、被害者の財産的利益、人身的利益、精神的利益等に影響を及ぼす。被害者は、環境汚染行為について初歩的な証拠を提供するのは難しいことではないし、汚染行為と受けた損害との間の因果関係を証明するのも容易である。その主張する民事責任は自己の利益を守ることを出発点としており、公共の環境利益を併せ気にかけていて、被害者の動機が強く、環境汚染損害賠償を請求することで不法行為法理論と現行法から支援を受けることができ、国内外の関連判決が司法面の指針も提供してくれる。環境汚染損害は環境要素について統治すれば効を奏することが多いのに対し、生態破壊により惹き起こされる損害のほうは生態系の総合的予防と手当てに基づいたものであることが必要である。それ故、損害賠償の思考に基づいて出される生態破壊の司法的救済は、往々にして、不法行為責任法の範疇の中で私益と公益の効果の両立を実現するのは難しい。裁判所を中心とし、そして権利を基礎とする不法行為責任訴訟は、生態破壊が他人に損害を生じさせる不法行為責任を確定するときに、困難にぶつかるのである。十年ほど前、我が国が《不法行為責任法》を制定したとき、学者はとっくに以下のことを指摘していた。すなわち、「生態破壊行為と環境汚染行為の区別が、立法実務が生態破壊行為を環境不法行為制度に組み込んでいない原因なのかもしれない」[6]。「我が国現行民法、環境法及び訴訟法の諸規定を総合的に観察すると、顕著な問題点は、異なる利益の訴求と調整方式の分散を融合することができないことで、立法が系統的でない、救済手段が揃わない、実体法と手続法の食い違う等々を招くということである」[7]と。こんにち、我が国は《民法典》を制定する時期にあり、事態は相変わらずとまで言うことはできないが、「生態破壊により生じる損害の」民事責任が伝統的な不法行為責任制度のありきたりの型から飛び出すべきで、しかも環境汚染責任の既存の規定を踏襲するのは良くない。もし《民法典》(草案)の中では「環境汚染及び生態破壊責任」を概括的に規定するのだと言うとすれば、生態破壊責任の具体的な規定、例えば責任主体の確定、責任を追及する主体の順位、責任を認定する評価基準と根拠、責任主体が不明のと

きの救済策等について、環境法で詳しく規定する必要がある。結果責任という角度から生態破壊責任を認識するとすれば、その要点は生態の回復の目標を遂行することにあり、被害者に対する損害賠償を直接、指向するものではない。それ故に、私法的性質しか持たない生態破壊不法行為責任では足りず、環境立法において、予防と生態系の修復を目的とする環境責任を規定すべきである。ＥＵが打ち出した 2004/35 法案、すなわち《環境損害の予防及び修復に関する環境責任指令【关于预防和补救环境损害的环境责任指令】》(以下、《環境責任指令》という。) がまさしくこの認識を示している。

　《環境責任指令》が打ち出された背景としては、1986 年 11 月 1 日の深夜に起きたスイスのバーゼルの化学薬品倉庫火災に遡らなければならない[9][訳注1]。事故発生後、影響を受けた国々は多角的な協力を強化し、環境責任に関するグリーンペーパー作成の計画を立てて、以て補償費用と環境損害の民事責任を規定することを決議した。1993 年 6 月、欧州委員会がスイスのルガーノで、危険な活動によって生じた環境損害についての民事責任賠償「グリーンペーパー」について審議した。2000 年 2 月、欧州委員会は、環境損害賠償責任に関する「ホワイトペーパー」を採択した。「合理的な社会的代価を以て、環境損害の予防及び修復の共通の仕組みを構築する」ために、そして各加盟国が環境損害賠償の算定面での相違を統一し、かつ調和させるために、ひいては一つの統一的適用規則を定めるために、2004 年 4 月 21 日、欧州議会と欧州理事会は、共同で、《環境損害の予防及び修復に関する環境責任指令》を公布したのである。この指令は、保護を受ける種並びに自然の生息地、水及び土地等の特定生態（環境）要素それ自体の損害について、生態（環境）加害行為を予防又は救済するために、公法的性質と私法的性質の両方を併せ持つ環境責任を定めた。環境責任を負う方式としては、損害の予防、環境の修復、そして損害賠償という 3 種類があり、環境の修復が最も重要な責任形式である。責任主体は、環境損害を修復する責任を負ったならば、主管する機関又はその他の主体がその他の費用を支払わない限り、損害賠償の責任を負う必要はない。修復しようがない、又は修復の必要

がないときは、民事責任の中の「損害賠償」を代わりの責任形式とする。損害賠償責任は、主として、主管する機関が環境損害の防止及び修復の措置を自ら講じる場合に現れる。「賠償」という語を用いてはいるが、しかし、その真の意味は伝統的な民法上の金銭賠償の目的とは異なって、損害を被った利益を立て直すことを旨としており、利益の保全を価値方向としている。《環境責任指令》は、「鑑みて」条項第（11）号において、「本指令は、環境損害の予防及び修復を旨とし、民事責任を規範化する関連国際協定が付与している、伝統的な損害に対して賠償を行ういかなる権利にも影響を与えない。」と表明している。第（14）号において、「本指令は、人身損害事件、私有財産に生じた損害又は経済的損害には適用されず、かつ、これらの損害賠償への権利にも影響を与えない。」と表明している。さらに、すべての形式の環境損害が環境責任の仕組みの手段で救済が得られるわけではない。救済を考えることができる環境損害は、一人又は多数の、確認されることが可能な汚染者が存在している必要があり、損害は具体的にして計量可能なものでなければならず、しかも、損害と、確認される汚染者との間に因果関係が存在することを証明しなければならない。ヨーロッパの学者であるフォン・バールは、公法により生態環境損害の問題を規制するのが一層、適切であると解している[8]。《スペイン憲法》第45条第3項は、行政機関は、生態損害を惹き起こした者に対して、行政処分を与えるか、又は惹き起こした損害を修復することを強制することができる、と規定した。そして具体的な環境法規の中で、生態損害をどのように賠償するのかについて詳細に規定した[9]。

　ＥＵの《環境責任指令》と我が国の《生態環境損害賠償制度改革規定案》の内容を総合的に観察すると、いずれも、「生態系機能」を指向しており、生態破壊が惹き起こす法的結果のために、どのようにして責任と制度を確定するかについて、いずれも明確にしている。どちらも「損害」概念を採用し、「環境損害（environmental damage）」と「生態環境損害」を別々に定めている。ＥＵの《環境責任指令》は「環境損害の予防及び修復」のために「環境責任体制を構築」し、我が国の《改革規定案》は「生

態環境損害の修復と賠償制度を構築」し、賠償義務者に「生態環境損害賠償責任を負う」よう命じており、応対するものはどちらも、環境汚染又は生態破壊により惹き起こされる「損害」である。「損害（damage）とは、直接又は間接に発生し得る、計量可能な、何らかの自然資源の不利な変化、又は計量可能な何らかの自然資源服務機能の損害を指す。」詳しく言えば、損害の対象は、「水、土地又は保護された種又は自然生息地」を含み、具体的には、「水の生態」、「生態の潜在能力」及び「生態環境機能」である。これらの損害を惹き起こす原因である環境汚染や生態破壊は、しばしば、相次いで発生するか、又は同時に発生する。この２種類の環境問題（又は環境損害と称される。）が惹き起こす責任は、法的性質、責任追及の原理、責任形式等の面で共通性があり、環境責任（又は《規定案》の中の「生態環境損害賠償責任」という用語を用いる。）と総称することができる。そのため、どれが生態破壊責任で、どれが環境汚染責任なのかを区別することはないし、区別する必要もない。もしこれを「環境汚染及び生態破壊責任」と呼ぶならば、総合的に見て、このような責任の特徴を把握して、この責任の規則を構築することを重視すべきである。実務において、生態破壊責任は、環境汚染責任に比べてはるかに複雑であり、後者は単独で発生する可能性がある。まさにそのような理由から、2009 年に我が国が可決した《不法行為責任法》第八章は「環境汚染責任」という表題のみを書いていたが、2014 年に《環境保護法》を改正したとき、立法内容が拡張し始め、第 64 条において、「環境汚染又は生態破壊の故に惹き起こされた損害」の責任に言及した。2019 年の《民法典》(草案) に至って、「環境汚染及び生態破壊責任」という表題の特別な章が出現した [(10)]。指摘しておかなければならないことは、これは、「環境汚染及び生態破壊責任」に関する総括ではなく、むしろ立法が、新たな時期に《民法典》を話の枕としているのである。中外の環境法の発展は、《環境責任指令》がＥＵ各国で遂行され、《改革規定案》が我が国で条文化されるにつれて、「環境汚染及び生態破壊責任」が環境法分野でさらに規定されていくことを物語っている。

（二）環境法が生態破壊に対して設けた責任

　物事の根源に遡って考えると、環境法が誕生した初期の頃は、環境汚染又は生態破壊を惹き起こす行為に対して法的責任を確立しなければならず、最初は、環境問題の主要な道筋は各種の環境汚染を予防することであり、生態破壊に言及されることはあっても、多くは宣示的性質の規定であって、法的責任と責任追及手続の具体的規定は少ない。現行の環境法は、環境因子と自然資源要素により、部門化分類立法を実施しており、生態系の奉仕機能の破壊を重視することは少なく、生態系は全体的に有効な保護を受けられないのである。そして、生態問題の発生は、汚染問題と比べて、ますます間接的で、複雑な過程を有しており、生態破壊がひとたび発生すると、事後救済は困難で、長い時間がかかり、満足のいく効果は得られず、効果がほとんどないことすらある。それ故、環境法が生態破壊に対応する全体的な思考の道筋は、事前の予防及び途中の制御であって、事後の救済ではないのである。生態破壊の複雑性と不確定性により、環境法は必然的に「自然、科学技術及び社会の領域」を含むことになり、「これらの部門の中の各要素が相互に作用する過程である。言い換えれば、環境法は、生態理性、社会理性及び法理性が融合したものとして、科学のガイドを持った法部門であり、それ自体が社会科学領域の典型的な複雑適応システムである。」[10]44 それに応じて、環境法上の生態破壊責任は、環境利用行為を規制することを旨としており、行為による生態破壊を規制又は回避するのである。そのために、人の環境利用行為を制約するとともに、生態系及びその奉仕機能並びに生物多様性及び特殊な自然環境の保護を強めていかなければならない。

　人為的原因によって惹き起こされる生態破壊を防止するために、結果責任を加重することがもとより必要であり、責任追及手続及び仕組みを一層、整ったものにしなければならない。生態破壊責任を明確にする立法の目的は、生態破壊の発生を避けることにあり、既に破壊された生態系を回復するために、関係主体に対して、もろもろの法的責任を課す。生態破壊には「多くの原因による一つの結果」という場合があるのに、法に基づいて間接的責任主体に責任の追及をするのは困難であること、

責任範囲の認定が難しいこと、責任を負うのに最終行為者の責任負担能力を超える可能性があること、これらの点に鑑み、生態破壊責任は、責任の法定化をすることで、生態損害の予防と生態リスクの防備を促し、責任の体系化及び確定化を行うことで、生態保護部門が職責を果たすことと社会公衆による監督を促し、責任の厳格化及び具体化を行うことで、生態系の回復を実施できることを保障するのである。こうして、生態破壊責任は結果責任と予防責任の共同作業、手続法と実体法の共同作業、そして特別法の規定と基本法の規定の共同作業を重んじるのである。「『自然が最も知っている』から『自然は知らない』」まで存在する複雑な環境問題から環境リスク制御という難題まで、環境法の、危害防止の理念に基づく環境規制思考は、リスク防止の理念に基づくリスク規制思考に拡張する。環境立法は狙いのはっきりした【針対性】法的原則——例えば、予防が主でリスクを予防する原則【预防为主和风险防范原则】、生態系保護と保全の原則——を確立するだけではなく、生態破壊の予防、急場しのぎ、救済をめぐって、関連する制度を構築し、総合性の強い生態破壊責任を規定した。関係の制度は、主として次の4種類に分けられる。

　一つ目は、環境法が生態指標体系制度、生態リスク評価制度、生態状況調査及び警戒制度、生態赤線制度を構築することである。このことは、環境法が特に重視している予防が主でリスクを予防する原則を十分に表している。環境法又は環境政策上、上記の制度を確立することを通じて、生態保護に影響を与えるか、又は生態リスクが存在する可能性のある行為者に向けて、予防、警戒、あらかじめ制限を設定するといった法的責任を確立したことによって、以て、根本的に、生態破壊という結果の出現を避けることを図っている。立法はリスク規制に対する全体的な枠を定めるものであり、具体的なリスク規制は主として行政が受け持つ。なぜなら、能力十分のプロは行政しかないからである。それ以外に、司法も介入し、主として手続の合法性をコントロールする[10-11]。

　二つ目は、全方位で、生態の保護及び監督管理【監管】の制度を構築し、生態機能保護区の保護、建設、管理及び監督を強化し、各種の強度

に狙いのはっきりした技術的規範を通じて、生物多様性モデル地区並びに生態敏感区及び脆弱区の保護を強化し、生態保護の科学技術支持能力を強化し、技術創造の生態化を導くことである。生態科学技術経費の投入を強化し、生態科学研究の成果の転化を推進する。生態の保護と建設の監査制度により、財務監督の有効性を保障する。国家生物安全リスク制御と統治体系建設を系統的に計画し、国家生物安全統治能力を全面的に高める。これらの制度の特徴は、行政の監督管理、技術の監督管理及び財務の監督管理を、関係業務部門が生態の監督管理と生態の統治を確立する責任とするという点にある。

　三つ目は、生態保護の宣伝教育を強化し、全国民の生態保護意識を高め、民衆が生態破壊について通報する制度及び事情を聞く制度並びに環境公益訴訟制度を整備して、民衆が生態保護に参加するのを保障することである。これらの制度の趣旨は、最も多くの群衆を動員して生態破壊のために社会の監督という網を築き、最も広い範囲から生態破壊の行為者が社会的責任を負うことを求める点にある。

　四つ目は、環境法上、事後懲罰という性質の生態破壊責任が多く、資源開発団体【単位】及びその責任者の生態保護責任を明確にして、厳格な審査及び賞罰制度を実施することである。生態破壊に対する懲罰制度を加重し、生態を著しく破壊した団体及び個人に対しては、情状の軽重に基づいて、それぞれに行政的制裁及び刑事的制裁を課す。環境規制に呼応する責任は、主に行政責任であり、環境法の中で定められる。我が国刑法の統一的立法形式に基づき、生態破壊が惹き起こした刑事責任は、刑法の中に集中させて定められる。

　以上をまとめると、環境法上の生態破壊責任は事後救済又は懲罰的責任だけではないことが分かる。「環境問題が私法が解決できる範疇を超えて行政的規制の領域に入り込むとき、すでにある規範モデル、とりわけ秩序行政の下での命令及び制御のモデルを踏襲することが、論理と実践の必然となる。」[10]157 現代環境法が環境規制理論の数回に及ぶ転換を経験した後、規制を以て導きの星とする環境責任の仕組みを構築する必要があるし、またその力がある。我が国は、環境法が惹き起こす法律の

第三次革命に順応する[12]にしても、《改革規定案》の路線図に従って生態環境損害賠償制度の整備を成し遂げて、環境規制体制の整備を強化すべきである。環境法と環境政策は、上述の 3 種類の責任（予防責任、監督管理責任及び社会責任）を構築することを通じて、事後救済責任又は懲罰的責任と共に、生態破壊が惹き起こす損害に対して特別法で設けられる責任を構成するのである。

三　民法の視点から見た生態破壊責任

　法の理性の世界においては、民法は民法上の制度を以て人為的な環境問題に応対する。とりわけ、不法行為制度は人々の注目を集め、環境法の私法が応対しているものは、伝統的な法律の道筋が依存しているものである。「民法の慈母のような目の中で」[13]、司法的救済を探究して結果責任を追及することは、避けることのできない思考になった。そして、環境汚染と生態破壊が伝統的な民法に向けて行なった挑戦は、環境不法行為制度に対して「遺伝」と「変異」の発生を促し、学理上、環境法学者が興に乗って話す環境不法行為制度を作り上げた[11]。民法、環境法及び訴訟法の共同発展によって推し進められたのであるが、不法行為の仕組みは修正及び改造を受け、不法行為法という大樹は環境不法行為という卓越した新枝を伸ばし、不法行為法及び環境法の遺伝子は共に環境侵害救済制度を鋳造した。中国内外の民法典制定において環境汚染と生態破壊に対応するために増えた規定と、それと環境法典との分業は、法の進化の過程を実証したことに基づき、この発展を生き生きと解釈した。

（一）ヨーロッパの主要国の環境法と民法の、それぞれの重点と相互のハーモナイゼーション

　ＥＵの《環境責任指令》の目標は、社会の最も優れたコストで、環境損害の予防及び救済の一つの一般的な枠組を築くことである。この目標について考えたとき、一ヶ国だけできちんと実現することは不可能である。しかし、ＥＵの領域においては、実現を見ることができる。《環境責任指令》は、その第 19 条「実施」において、ＥＵ構成国に、「本指令

を遵守するために必要となる法律、条例及び行政規定の効力が発生するよう」求めており、「構成国は、直ちに、当該状況を委員会に通知しなければならない。」

《イタリア民法典》第2043～2059条の「不法行為」に関する民事保護手段を適用して環境侵害事件を解決することは不当かつ不十分であると学界やイタリア最高裁判所等の司法実務界によって広く考えられたということに鑑み、早くも1986年7月8日に、イタリアは、最初の環境法案を公布した。その正式名称は、《環境部の設置と環境損害に関する規則》（第349/1986号法律）である。この法律は、環境侵害行為に対して、民法典の保護の仕組みとは異なる特別な調整規則を置き、環境損害の予防、補充及び賠償等の原則を導入して、環境アセスメントや、深刻な環境危害や環境損害を公表する等のそれぞれの法律制度を確立した。こうして、形式と効力において、法律に携わる者及び評価者の心の中で「真の意味での」「環境保護に関する一般的な法律」となった[14]。国内においてＥＵの《環境責任指令》に変更させるために、イタリアは、第152号立法令（Dlgs. No. 152/2006）を制定、公布し、2006年8月12日から効力が生じている。この法律は、個々の環境問題の単行法について一つの「統一的テキスト」に再編したものである。また、「環境法の統一テキスト」とも言われ、イタリアの全領土内で有効な、最高クラスの「環境に関する法規」[12]となった。この法律の第六部分の第311～318条[13]は、環境損害責任制度を定めており、その中で、予防及び環境修復並びに損害賠償等に関する、環境侵害行為に対する補償的性質を持つ措置を置き、これにより、第349/1986号法律第18条の大部分の内容に取って代わった。新しい規定の内容は、環境保護と被害者にとってますます有利になっており、環境に深刻な影響を与える状況に対して客観責任を定めた。しかし、危険のない状況下では、「一般的な」主観的帰責原則が適用され、ＥＵの《環境責任指令》とは状況が異なっている[15]。1986年第349号法律から《イタリア環境法》（2006年第152号法令）の第六部分まで[16]20、イタリアの環境法は、《イタリア民法典》の環境侵害行為に関する足りない点を補っているのである。

　ドイツの民事法と環境法でも、似たような状況となっている。ドイツの《環境責任法》は、性質や内容等の点で、後のＥＵ《環境責任指令》と大きくかけ離れていた。この法律が定めているのは民事責任であり、実施されたのは 1991 年 1 月 1 日である。この法律は、なにがしかの設備が環境に良くない影響を惹き起こして、被害者を死亡させ、若しくは身体若しくは健康を害したり、又は物を毀損する等の事態に対して、当該設備の所有者が賠償義務を負うことを定めている [14]。これにより、環境損害民事救済制度が確立され、環境危険責任のために統一的で明確な基準がはっきりと定められただけでなく [15]、被害者が加害行為と損害との間に因果関係が存在しなければならないということの証明が軽減されてもいる。この法律は、環境被害者による設備所有者と行政機関に対する諮問請求権の制度を確立した。あわせて、環境被害者に自然風景の原状回復を求める権利を与えて、環境被害者の法的状況を改善させるのを助け、設備の営業者が損害の予防を強化するのを促しており、それによって間接的に環境保護の目的を達成することになる [17]。この法律の第 16 条の二つの項は、生態損害賠償についてすでに部分的に確認していると考えることができる [18]。この条は、「原状回復のための費用が不相当であるときは、賠償義務者は、金銭により損害を賠償することができる。動物に対して応急処置をしたことにより生じた費用については、それがその動物自体の価値を大きく上回ることを理由としては、不当であると見てはならない。」[18]104-105;[19] と定める《ドイツ民法典》第 251 条第 2 項を引用しているのである。

　ＥＵの《環境責任指令》に変更させるために、ドイツは、《環境損害法》を制定し、2007 年 11 月 14 日から効力が生じている。この法律が保護しているのは環境それ自体であり、生態環境損害にのみ適用され、人身損害、私人の財産に対する損害又は（純）経済的利益の喪失は含まない。それは、公法上、特定生態環境損害に対する無過失責任を構築することを旨としており、環境損害を惹き起こしたか、又は当該損害の直接的危険を惹き起こした行為者が環境損害を回避し、又はそれを修復する経済的責任を負うことを求めている。これは、ＥＵ《環境責任指令》の目標

と一致する。

　これを概括して言えば、ドイツの《環境責任法》と《環境損害法》は、損害の性質の違いに基づいて、私法的救済と公法的救済を別々に提供している。公物としての環境要素上に民事的法益が同時に存在しているとき、環境被害者は《環境責任法》の環境危険責任を適用することができ、環境保護の間接的効能を発揮させることができる。他方で、《環境損害法》は、環境行政措置に重点を置いており、危険防御機能を発揮させることができ、生態環境損害を防止する。ドイツのこの二つの法律の区別と関係は、伝統的民事法と環境法が環境損害に相対したときの分業と連係関係を典型的に反映している。

　研究者は、把握している資料と情報によれば、ＥＵ構成国で伝統的不法行為責任法を単純に改正するという方法で、あるいは生態（環境）それ自体の損害に対する賠償責任を定めるという方法のみで、環境それ自体に直接、害を加える行為に対する有効な事前予防及び十分にして時宜にかなった事後救済を実現した国は見出せない[16]23。イタリア、ドイツ、フランスといったヨーロッパ諸国の環境法と民法は、それぞれ重点の置き所があるものの、相互に連係して、環境汚染と生態破壊が惹き起こす損害を全面的に予防し、救済している。《環境責任指令》がＥＵ各国によって次々と本国環境法に取り込まれる過程において、環境立法中の多くが宣示性の規定又はあるべき環境保護の規定であって、実際の環境損害事件、とりわけ環境被害者が提起した司法救済事件には適用し難いということを避けねばならない。疑うべくもなく、民法が環境損害に対して定めている責任は環境責任体系が非常に重要な法の淵源であり、しかもそれの基本法たる顕著な地位の故に、ますます社会から重視される。こういった面で、フランス《民法典》が2016年に新たに増やした内容である「生態損害の修復」とフランス《環境法典》が連係しており、環境責任体系のために、それぞれ民事基本法と環境保護の個別の特別法の支援が提供されている。そうした立法の段取りは、我が国が手本にする価値がある。

（二）フランス《民法典》が生態修復のために確立した責任の仕組みとその啓示

　2008 年 8 月 1 日、フランスは、第 2008-757 号法律である「環境責任に関する、及び適用される共同体法の環境領域の若干の条文に関する法律」により E U《環境責任指令》を取り込んだ。この法案は、「環境損害」（dommage causé à l' environnement）を「環境に対する直接又は間接に測定可能な存在」と定義し、この損害には、健康、水資源、種及び生息地の保護並びに生態機能を含む。その後の条文は、主として、フランス《環境法典》第 L.160-1 条以下及び第 R.161-1 条以下である。この法案は、「深刻な」環境損害を規制しているだけであり、賠償を求める主体は行政機関でなければならない。対象となる責任者は、汚染の性質を持つ何らかの業務に従事する経営者であるという点だけでなく、適用が排除される多くの事態（例えば、行政許可規定に合致する汚染物質排出は責任が免除され得る等）も存在した。それ故に、その法案が設定した、行政的規制に属する環境責任の適用範囲は狭く、操作可能性に欠けている。生態損害賠償のために、普遍的で、基礎性を有する請求権を確立することはできない。

　2012 年 9 月 25 日、フランス破棄院は、タンカー「エリカ（Erika）号」汚染事件[16] に対して終局判決を下し、最上級裁判所レベルで生態損害賠償と修復責任を確立した。生態損害責任のために民法典に入り込んで道をならしたのである。判例が採用したやり方を確固としたものとし、賠償可能な生態損害[17] の種類を明確にし、そして生態損害修復の理念を広めるために、フランスは、《民法典》の中で生態損害の修復について定めることとした。2016 年 8 月 8 日に出された第 2016-1087 号「生物多様性、自然及び風景の回復」のための法律に基づき、フランス《民法典》第三巻（livre）「財産権を取得する方法」第三編（titre）「債務の由来」第二準編（sous-titre）「契約外責任」第三章に、新たに、「生態損害の修復」についての規定を置いた（第 1246 条乃至第 1252 条）。立法という形で生態損害を修復することで、一つの特別な賠償の仕組みを確認したのである[20]。

フランス《民法典》第1247条は、「生態損害」(préjudice écologique)
を「生態系の機能（fonctions）若しくは要素（éléments）又は人間が自
然から得る集団的利益に対して生じる無視できない損害」と定義した。
生態破壊の結果が典型的な生態損害である。そのため、フランス《民法
典》は、第1246条で「生態損害を惹き起こした者は、これを修復する責
任を負わなければならない。」と宣示的規定を置いているだけでなく、
第1249条で、多元化された生態の修復措置も定めた[18]。「損害の評価」に
ついては、第1249条第3項は、必要なときはすでに採用した修復措
置、特に《環境法典》第一編第六準編が採用する措置を考慮すると定め
る。この他、生態損害賠償及び修復の訴えを提起する原告主体及び訴訟
時効、有責者が納付する滞納金（astreinte）は環境の修復に用いられる
こと、損害を止めるための費用【止損費用】は賠償されるべき損害とな
ること並びに予防の性質を持った民事責任が定められた。フランス《民
法典》が「生態損害の修復」に関する条文として8ヶ条置いたというこ
とは、すでに、環境責任の内容と性質を顕著なものとしたということで
ある。フランスは、《環境責任指令》を取り込むときに環境法を制定し
ているが、依然として司法実務と結び付いており、生態損害に起因する
賠償と修復等、当事者が訴求する問題は《民法典》の中で処理される。
生態を修復するために、特別な責任の仕組みを定めて、民事責任と環境
責任の結び付きと融合を表している。《民法典》は、生態損害賠償と修
復の責任について比較的詳細な規定を置いており、先に実施された《環
境法典》を受け継いで、実務において生態損害賠償と修復の責任を主張
する法的根拠となっている。ある学者が批評して曰く、「フランスの学
界と立法者は、民事責任に基づいて構築される生態損害賠償制度をこよ
なく愛しており、環境法典の中にすでに一つの生態損害賠償制度が存在
しているのに、あらゆる知恵を絞って新しい制度を旧法典の中に植え込
もうとしている。彼らは、私法の母の中に生態損害賠償を規定して初め
て、人々がこれは自己の生活と密接な関係があるということを理解する
ことができるようになると考えているので、真の効果を生むことができ
る。」[21]

　「世界近代史上、第一の民法典」というすばらしい名誉を持つフランス《民法典》は、2016 年に、生態損害賠償と修復についての規定を増やした。このことによって我々は、環境損害を予防し、挽回する環境責任は環境保護専門の立法の重要な内容であるだけでなく、民法（特に不法行為法）が環境時代の新型損害に対応するために行う責任の主張でもあると信ずる理由があることになる。例えば、ある学者が評論して曰く、「フランスはＥＵのＥＬＤ指令 [19] を目標とする全体の法律変革枠組の下で不法行為法へ適応させた立法である」[16]24。我が国《民法典》(草案)は、《不法行為責任法》が定める「環境汚染責任」を「環境汚染及び生態破壊責任」に拡大した点を除いて、三つの条文を追加している。すなわち、故意で重篤な結果を惹き起こしたときの懲罰的損害賠償責任（第 1232 条）、生態環境損害の賠償主体の確定（第 1234 条）、生態環境損害賠償の損害と費用の明確化（第 1235 条）がそれである。《民法典》(草案)は、《油汚染損害責任条約》及びその議定書の油汚染損害賠償範囲に関する規定を取り込んだり、参考にしたりして、フランス《民法典》に定められている「損害を止めるための費用」を特に列挙しただけでなく、二つの生態損害も列挙した。すなわち、「生態環境修復期間中の奉仕機能喪失によって惹き起こされる損害」、「生態環境機能が永久に害されることによって生じる損害」がそれである。ここに至って、民法は、法典の立法の段階に至って、生態環境損害賠償の概念を出してきて、生態環境損害賠償の範囲について独創性いっぱいに規定して、民法の規定と環境法の規定のドッキングを成し遂げたのである。

　アメリカの学者が指摘するところによれば、また、大多数の先進国は不法行為責任は環境リスク制御の手段として限界があり、総合的な規制体系にますます依存し始めているということを認識しているけれども、監督管理政策が大きな損害を防止することができないという状況において、環境責任の紛争は救済を求めるための必要不可欠な方法を提供している [22]。我が国の学者である呂忠梅は次のように主張する。すなわち、専門的な環境責任立法の作業を開始し、環境侵害の各種の法的効果を明確にし、体系的で専門的な環境責任制度を確立して、生態環境損害のた

めに完全な法的根拠を提供する。我が国において完全な生態環境損害賠
償制度を確立することが、一つの体系的プロジェクトであり、民法典等
の多数の立法システムの推進が必要なのである[23]。《民法典》(草案) 第
七章は、「生態環境損害」、「生態損害賠償責任」等の概念に対して定義
を与えておらず、我が国の環境責任に関する立法の断片化、関係する法
律同士の接続の不調、そして生態環境管理と監督機能の不分離等の数多
の問題を解決できていない。しかし、この章は、「環境汚染及び生態破
壊責任」という表題をつけることで、不法行為責任編の新しい規定によ
って「環境汚染、生態破壊によって他人に損害を惹き起こす」という不
法行為責任を打ち立て、「損害と費用」の賠償範囲を定めるときに「国家
規定に違反して生態環境損害を惹起する」という状況を明確に指向し
て、社会全体のために、関係する用語の意味や、民法典と環境保護特別
法の関連性をさらに理解しやすくしている。《民法典》(草案) が、伝統
的な民法が環境汚染と生態破壊の責任を追及するときに存在する障害を
克服するために、不法行為制度に対して独創性を与えたことは、〔本論
文初出当時〕現在、制定過程にある民法典が生態環境損害賠償の私法救
済モデルを完全なものにする[24]ために行なった努力を表している。こ
れにより、我が国は、新しい時代の環境責任制度を少しずつ確立するた
めに、民事基本法の基礎を敷いたのである。

　当然のことながら、まさしくフランスは《民法典》と《環境法典》が結
びついて協力し合い、共同して環境損害を予防及び修復する環境責任体
系を構築しているように、我が国の立法が環境汚染及び生態破壊に対し
て定めた法的責任は、《民法典》(草案) のこの章に入れられる可能性が
ないわけではない。一方では、環境責任体系は民法典が環境汚染及び(又
は) 生態破壊が惹き起こす生態環境損害について相応の責任を規定する
必要があり、そうすることによって、司法実務において現れる環境不法
行為損害及び (又は) 生態環境損害について救済が求められるときに基
本法による支援を提供できるようにする。また一方では、現代の国家
は、「環境規制改革」を重視する新しい時代において[20]、国家が系統的に
環境規制を行う義務と責任を負うことを意識してきたが、多法協同が環

境問題に応対するという法治構造を変えたことがないし、今後も変えないだろう。我が国《民法典》が「グリーン原則」を確認し〔新中国民法典第9条参照〕、不法行為責任の中で時宜を得て「環境汚染及び生態破壊責任」を打ち立てたにせよ、フランス《民法典》が海洋生態損害賠償事件の司法審理の推進の下で「生態損害の修復」の規定を増設するにせよ、あるいはアメリカのコモンローにあるように、連邦又は州が天然資源の受託者として、有責者に損害賠償責任を負わせる権利を有しており、環境の回復がその目標である。各国の立法はいずれも、環境規制の外にある責任追及と救済は依然として司法実務の「主戦場」であり、生態損害の修復と賠償責任に関する規定は伝統から派生し、かつ環境時代の「新たな境地」を有する「武器」であることを表明している。人類はリスク社会に入っており、原因不明の各種の生態リスクは、現有の環境規制手段によってもなおも予測、判断され難いが、生態破壊は突発的な大規模環境汚染事故に伴って現れることがなければ、人間から影響を受けた自然【人化自然】は長期に亘って存在する問題の故に生態系の不均衡や乱れを招く可能性が高い。生態破壊が発生して法律の対応が必要となるとき、規制の手段は効を奏し難いが、救済の手段の象徴としての意義は、その実際の意義よりも大きい。しかしながら、もしも生態破壊責任についての法律上の規定が存在しなければ、人によって破壊された生態系は最後の防衛線さえ失って、生態の回復を目的とする責任追及と救済は絵空事と化してしまう。その結果、「政府の買付」となるか、あるいは生態系の自然回復に任せることとなってしまう。もしも侵害された生態系が、それに生存又は生産を頼っている民事主体と切っても切れない関係にあるならば、これらの民事主体は生態破壊によって受けた財産的損害、人身損害及び精神的損害等については、その私益の損害を救済する法的支援が必要である。これはまた、一定程度、生態環境の回復の助けとなる。これはまさしく、民法の視点からの生態破壊責任であり、「生態破壊が他人に惹き起こす損害」を指向しており、「生態環境損害」を救済することにもなる。対応する責任には環境不法行為責任もあり、生態損害賠償責任を拡張した。以上のことは、民事責任の規定が内容面での

拡充と、法的性質の面で民事責任と環境責任を兼ねているという特徴を具体的に表すものである。実際上、生態環境を修復できて初めて、他人の損害は「輸血」と「造血」という意味を兼ね備えた救済を得る可能性がある。

　我が国の学者は、「生態環境損害責任は環境法で規律すべきであって、民法で規律するべきではない」との見解を述べた。そして、次のように解している。すなわち、「我が国の民法典は、環境不法行為責任を規律するという自分の持ち場に立ち帰るべきであり」、「生態環境損害等の、民法が規律し難い分野について、環境法による救済の道を探究するべきであって、生態環境損害責任を規律する中での環境法の独特にして重要な効力を十分に発揮させるべきである」[25]。この点について、筆者は共感するところがあり、生態環境損害責任は、ある種の総合的な環境責任であるとも考えている。しかしながら、環境汚染又は生態破壊によって他人に生じる損害及び生態環境（それ自体）の損害には相継いで発生するか又は一度に発生するという事態が存在することを考えて、生態環境損害責任と環境不法行為責任を環境法の中と民法の中のそれぞれに規定すれば、実務において二者の関係性を考慮する必要がある。これは、司法実務においては、典型的な公益的性質を有する生態環境損害事件と私益的性質を有する不法行為損害が存在するだけでなく、私益的性質を有する公益紛争と公益的性質を有する私益紛争も存在するからである。まさにある学者が述べたように、生態損害の救済措置については、純粋な公法問題でもなく、また純粋な私法問題でもないのであって、むしろ公法と私法の境界上にある[26]。それ故、私法体系の中に置くこともできるし、同様に公法体系の中に置くこともできる[27]。環境立法に環境不法行為の規定を含ませるよりも、《民法典》の不法行為責任編が「生態破壊により他人に損害を惹き起こす」と「生態環境損害」を同時に受け入れ、「環境汚染及び生態破壊責任」というこの概念の中に統合してしまうほうがよい。生態環境損害責任においては、民事責任の「外殻」の内容が民法典の中で規定されるという助けを借りて、環境責任に対する民事基本法の支援を実現することができる。このことは、本稿で述べ

てきた外国の立法例が参考となるだけでなく、学理研究の支援も得ることができ、論理的無撞着を実現することができるのである。

四 結語

《民法典》(草案) は生態破壊が法に対して提起した難題、例えば、損害の内包の拡張、救済主体の不明確さ、因果関係の認定の困難等の難題に応対した。生態を破壊する共同不法行為責任の認定のために「生態破壊の方式、範囲、程度及び、損害結果に対する行為の作用等の要素」を考慮することを求める規定を特に置いた〔第1231条〕。しかしながら、生態破壊責任を追及する手続の制度や損害算定制度は、なおも欠けている。草案の中の7ヶ条の規定は司法機関が表舞台に出て司法解釈を行う必要があり、訴訟手続、司法鑑定及び技術評価の規則、並びに法律適用の特別な規則を一段と明確にする必要がある。海洋生態破壊の法的責任は、その特殊性故に、海洋環境保護法がこの専門領域のために専門的規定を置くのを待たなければならない。

《民法典》(草案) においては「環境汚染及び生態破壊責任」を採用しているが、それは全面的に、生き生きと環境責任を述べているし、「環境汚染又は生態破壊が他人に損害を惹き起こす不法行為責任」と「生態環境損害賠償責任」を同時に受け入れることもできる。生態破壊責任の内包は「生態破壊が他人に損害を惹き起こす」不法行為責任を含んでおり、生態系の奉仕機能又は要素が損害を受けて惹起される責任をも含んでいる。《民法典》(草案) 第1229条から第1233条と、第1234条及び第1235条は、それぞれ、実質的に2種類の責任を規定しており、第七章の「環境汚染及び生態破壊責任」という表題の中に統合した。それ故、法律用語の内包をはっきりさせることと、《民法典》(草案) と関連する環境立法との関係をはっきりさせることが必要となる。

生態破壊責任は、その条文化の道筋という点で、民法典の上述の規定に止まらず、さらに環境法が生態破壊に対して全面的に予防責任、監督管理責任及び社会責任を確立することを要求し、環境規制の制度、措

置、責任を運行し、環境法と民法が生態破壊責任を規定するという面での接続と調和を実現するのである[(21)]。そうすることによって、システム並びに総合的な環境汚染及び生態破壊責任を構築し、生態環境損害賠償のための、包括的な法的責任の体系を提供するのである。

(1)　《中華人民共和国民法典》（草案）は、2019年12月28日、中国人大網において公表され、パブリックコメント期間に入った。これは、2020年1月26日までである。

(2)　我が国のある学者と実務部門は、疑問を投げかけた。すなわち、民法典の不法行為責任編が直接、生態環境損害責任を規制するのは民法の規律範囲を超えているので、我が国の法体系の混乱を招く可能性がある、と。参見：孙佑海、王倩《民法典侵权责任编的绿色规制限度研究 ── "公私划分"视野下对生态环境损害责任纳入民法典的异见》，《甘肃政法学院学报》2019年第5期，第62页。総括を行なって次のように解する学者もいる。すなわち、学説上、比較的大きく争われているのは、行為者が惹き起こした生態損害が環境汚染責任の救済体系に含め得るか否かである、と。参見：李昊《论生态损害的侵权责任构造 ── 以损害拟制条款为进路》，《南京大学学报（哲学・人文科学・社会科学）》2019年第1期，第49-50页。

(3)　現行《不法行為責任法》第八章「環境汚染責任」第65条から第68条の規定の内容と比べると、《民法典》（草案）不法行為責任編第七章第1229条、第1230条及び第1233条の規定の内容の変化は、主として、前法の「環境汚染」という文言を「環境汚染及び生態破壊」に拡大したことである。第1231条の「生態破壊」に対する共同不法行為責任の認定の際に「生態破壊の方式、範囲及び程度並びに行為が損害結果に対して及ぼす役割等の要素」という語句を追加しただけである。追加された条は第1232条であり、不法行為者が故意に国家規定に違反して環境を汚染し、又は生態を破壊して重大な結果を惹き起こしたときの懲罰的損害賠償規則について定めている。

(4)　本文中、「生態破壊が惹き起こす損害の責任」と「生態破壊責任」の語義は一致している。前者は《民法典》（草案）の原文の制約を受けておらず、学説が議論する中でこの用語を採用するのに適している。後者は《民法典》（草案）中の用語であり、立法者との交流するのに便利であり、かつ文字が簡潔である。それ故に、本文では、「生態破壊責任」という語をそれぞれの表題で用いた。

(5)　人為的な原因により惹き起こされた第二環境問題（あるいは、二次的【次生】環境問題と言う。）につき、その具体的表現形式に基づいて、環境汚染の問題と生態破壊の問題を分けることができる。参见：汪劲《环境法学》第四版，北京大学出版社2018年版，第5页。

(6)　学者である徐祥民は、「破壊型環境損害と汚染型環境損害」を「環境損害」の種類としており、「破壊型環境損害の応急手当は、一層長い時間と一層多くの回復のための作業が必要である」ことを指摘している。参见：徐祥民《环境与资源保护法学》第二版，科学出版社2013年版，第6页。

(7)　現行《不法行為責任法》第八章「環境汚染責任」第65条は、「環境汚染により損害を惹き起こしたときは、汚染者は、不法行為責任を負わねばならない。」と定める。

186

(8)　2015年、中国共産党中央弁公庁と国務院弁公庁は《生態環境損害賠償制度改革の試行規定案》を発行し、吉林、山東、江蘇、湖南、重慶、貴州、雲南の7省市〔重慶のみ直轄市で、他の6は省〕において改革の試行の活動が展開された。

(9)　この火災はライン川の汚染事故を惹き起こし、漁業と水上運輸業の一定期間の損失及びライン川でのダム建設のための支出等の潜在的損失並びに生態が破壊された生態系の回復に用いられる中期的損失等を生ぜしめた。フランスの環境相はスイス政府に対して3,800万ドルの賠償を求めた。スイス政府とサンド化学薬品会社は、損害賠償問題を解決する意思があることを表明した。最後に、サンド会社はフランス漁民及びフランス政府に対して賠償金を支払った。そして、言及するに値することは、サンド社は「サンド・ライン川基金」を設立し、この事故に起因して破壊されたライン川生態系の回復を助成しており、さらに世界自然保護基金〔WWF〕に730万〔米〕ドルを寄付した。その寄付金は、3年後のライン川動植物回復計画の資金として使われている。

(10)　「環境汚染及び生態破壊責任」の内容の豊富さ及び複雑さに鑑みれば、本文は、我が国《民法典》が新たに増やそうとしている「生態破壊責任」についての議論に重点を置いている。実際に、法律は、少なくとも現行法は、なおも、あらゆる環境汚染及び生態破壊結果に対処することはできない。これにつき、ＥＵの《環境責任指令》は、条項中の列挙に「鑑みて」、「あらゆる形式の環境損害が、この責任の仕組みの手段を通じて救済を受けることができるわけではない。この責任の仕組みに効力を持たせるためには、一人又は複数の確認され得る汚染者が存在しなければならず、損害は具体的にして計量可能なものであらねばならず、かつ、証明可能な損害と、確認される汚染者との間に因果関係が存在しなければならない。それ故、この責任の仕組みは、広範に散布される又は拡散するという特性を備える汚染問題を処理するのに相応しい手段ではない。なぜならば、こうした状況の下では、不利な環境影響と特定の単独の行為者の作為又は不作為とを結び付けることは不可能だからである。」〔とする。〕しかも、「第4条　例外」の中で次のような規定を補充している。すなわち、「拡散性という性質を持つ汚染が惹き起こした環境損害又は当該損害の迫り来る脅威については、証明可能な損害と単独の経営者の活動との間に因果関係が存在するときに限り、この指令を適用することができる。」と。

(11)　学者の解するところによれば、伝統的不法行為の変異並びに伝統的不法行為及び環境法の遺伝子組換えは、ある種の斬新な不法行為形態を作り上げた——すなわち、環境侵害がこれである。環境侵害は、社会の利益及び個人の利益に対する二重の侵害である。環境侵害は、一つの概念であるのではなく、むしろ、環境問題に焦点を合わせた一つの包括的な制度である。それは、伝統的な不法行為法理や制度の構成をはるかに超えている。参見：呂忠梅《环境侵权的遗传与变异——论环境侵害的制度演进》，《吉林大学社会科学学报》2010年第1期，第124-131頁。

(12)　イタリア語でこの法案は、Norme in materia ambientaleという。すなわち、「環境に関する法規」である。

(13)　イタリア第152号立法令（Dlgs. No. 152/2006）第三章（第311条～第318条）の表題は「環境損害賠償」であり、法律、条例又は行政法規に違反する状況の下での主観的責任制度について定めており、特殊な形式の賠償又は等価賠償という2種類の損害賠償方式についても規

定している。

(14) 設備は、《環境責任法》における核心概念の一つであり、環境責任を負う対象である。それ故、環境責任は、「設備と関連する危険責任」と呼ばれ、略して「設備責任」と呼ばれる。設備は、固定した場所を有する施設又は装置を指す。例えば、工場や倉庫等である（第3条第2項）。設備は、機器、技術装置、気動車及びその他の、固定した場所を有しない施設又は装置を含み、これらの設備と関連する補助施設又は装置も含む（第3条第3項）。

(15) 比較して述べるとすれば、《ドイツ民法典》第906条第2項は危険責任であるとは言え、その保護の対象はあまりにも狭すぎ、土地所有者が土地上に受けた損害を保護しているだけである。そして、その者の身体損害や健康損害は保護しておらず、動産に関して受けた損害も保護していない。参見：邵建东《论德国〈环境责任法〉的损害赔偿制度》，《国外社会科学情况》1994年第5期，第40-41頁。

(16) 1999年12月12日、エリカ号はフランスのブルターニュ海岸付近で事故を起こし、原油を流出させ、およそ400キロメートルの海岸線が汚染されて、大量の海鳥が被害を受けた。2008年1月、パリ法院一審判決は、関係する有責者は被害者の人身や財産等の損害賠償責任を負う必要があるだけでなく、「生態破壊により惹き起こされた生態損害」についても賠償しなければならない、とした。パリ控訴院は、基本的にこの一審判決を維持した。この二つの判決は、明確に生態損害を、人から独立した、人身又は財産損害の外にある損害にして、しかも環境保護組織が主張する精神的損害及び集体利益の損害とは区別されるものと定義した。2012年9月25日、この事件に対してフランス破棄院は終局判決を下した。

(17) 2016年8月8日、第2016-1087号「生物多様性、自然及び風景の回復」の法律は、フランス《民法典》中に「賠償可能な生態損害」の概念を導き入れ、このために一つの特殊な賠償の仕組みを創設した。賠償可能な生態損害というのは、生態系の機能若しくは要素又は人が自然から得ている集体的利益によってもたらされる無視し得ない利益を指す。この改革は、生態損害修復の訴えを提起する権利者にとって開放的な態度をとっている。

(18) フランス《民法典》第1249条第1項は、生態損害の修復は原状の回復を優先すると定め、第2項は、法律的不能若しくは事実的不能の故に、又は修復措置が不十分であるときは、裁判官は、有責者に対して、原告に環境の修復を旨とする損害賠償を支払うように命じ、原告がこれのために有益な措置をとることができないときは、国家に支払うように命じると定めている。

(19) EUのELD指令というのは、EUの《環境損害の予防及び修復に関する環境責任指令》のことであり、その英語の名称は、Directive 2004/35/CE of the European Parliament and of the Council on Environmental Liability with Regard to the Prevention and Remedying of Environmental Damageである。それ故、「ELD指令」と略称される。

(20) 環境規制の研究は、20世紀の70年代以降、終始、各国の法学研究のホットな論題で、一般的な理論の改革の「触媒」となっている。伝統的な環境規制モデルについて、防御する学者もいれば、批判する学者もいる。前者の例として、ハワード・ラテン教授は、命令・抑制型措置は実際において「効を奏する」ことが優勢であると考えている。後者の例として、リチャード・スチュアート教授は、命令・抑制型環境規制体系を改革し、経済的インセンティブの仕組みを超えて、第三世代の環境規制戦略に向かって進んで行き、「環境規制改革」の新時代へと歩んで行くと主張する。ブルース・アッカーマン教授も、環境規制がテーマの論戦に参戦し、

環境法に対して根本的な変革を行うことを強く主張した。参見：王慧編訳《美国环境法的改革：规制效率与有效执行》，法律出版社2016年版，第1-213頁。環境規制についての研究は、中国では「洋学が東へ流れる【西学东渐】」ではなく、全世界においてこのホット〔な見解〕とクール〔な見解〕を共有しており、傑出した人物の見解はおおむね一致している。環境規制の源は、伝統的な市民法原理は環境問題に有効に応対することができないが故に、国家は積極的な規制措置をとって、環境を侵害する行為に対して抑制する必要があるという点である。

(21)　学者の竺效は、ある学術会議において、生態破壊が惹き起こす損害を解決する法的責任を考慮する必要があり、《環境保護法》を改正して、その第64条の後に、関係する「生態（環境）損害救済責任」という特別条項を追加することを提案していたが、それは便宜的なやり方と思われる。

参考文献

[1]　阎红歌. 世界进入环境时代[J]. 环境科学动态，1989(2): 1.

[2]　吕忠梅. 论环境侵权的二元性[N]. 人民法院报，2014-10-29(08).

[3]　竺效. 论环境侵权原因行为的立法拓展[J]. 中国法学，2015(2): 261.

[4]　徐淑琳，冷罗生. 论环境损害民事责任的规范构造之缺陷 —— 以《环境保护法》第64条为核心的评析[M]∥赵秉志. 京师法律评论：第十卷. 北京：北京师范大学出版社，2016: 92.

[5]　徐祥民，邓一峰. 环境侵权与环境侵害 —— 兼论环境法的使命[J]. 法学论坛，2006(2): 14.

[6]　吕忠梅. 论环境法上的环境侵权 —— 兼论《侵权责任法（草案）》的完善[M]∥高鸿钧，王明远. 清华法治论衡：第13辑. 北京：清华大学出版社，2010: 252-253.

[7]　吕忠梅. 环境侵权的遗传与变异 —— 论环境侵害的制度演进[J]. 吉林大学社会科学学报，2010(1): 131.

[8]　克雷斯蒂安·冯·巴尔〔フォン・バール〕. 大规模侵权责任法的改革[M]. 贺栩栩，译. 北京：中国法制出版社，2010: 83-88.

[9]　CHRISTIAN V B, ERIC C, eds. Principles, Definitions and Model Rules of European Private Law Draft Common Frame of Reference(DCFR): Volume 4, Book VI[M]. Munich: sellier. european law publishers, 2009: 3367.

[10]　张宝. 环境规制的法律构造[M]. 北京：北京大学出版社，2018.

[11]　张翔vs. 吴卫星：环境保护应该基本权利化还是国家目标即可[EB/OL]. [2019-12-26]. https://www.sohu.com/a/333918449_671251.

[12]　蔡守秋. 建设和谐社会、环境友好社会的法学理论－－调整论[J]. 河北法学，2006(10): 34.

[13]　孟德斯鸠〔モンテスキュー〕. 论法的精神：下卷[M]. 许明龙，译. 北京：商务印书馆，2016: 580.

[14]　李钧. 一步之遥：意大利环境"法规"与"法典"的距离[J]. 中国人大，2018(1): 51.

[15]　李云霞. 意大利环境保护法律体系概览[C]∥第七届"比较民商法与判例研究两岸学术研讨会"论文集. 上海：2019: 117, 120.

[16]　竺效. 论生态损害综合预防与救济的立法路径 —— 以法国民法典侵权责任条款修改法案为借鉴[J]. 比较法研究，2016(3).

[17]　邵建东. 论德国《环境责任法》的损害赔偿制度[J]. 国外社会科学情况，1994(5): 40-43.

[18] 竺效. 生态损害的社会化填补法理研究[M].北京：中国政法大学出版社，2007: 104.

[19] 德国民法典（修订本）[M]. 郑冲，贾红梅，译. 北京：法律出版社，1999: 246.

[20] 刘骏. 《法国民法典》中生态损害修复规则之研究[J]. 现代法治研究，2019(2): 55-56.〔本書の第6章として収録〕

[21] 李琳. 法国生态损害之民法构造及其启示 —— 以损害概念之扩张的进路[J]. 法治研究，2020(2): 87-103.

[22] 罗伯特·V·珀西瓦尔. 环境损害责任与全球环境法的兴起[J]. 杨朝霞，黄婧，译. 吉首大学学报（社会科学版），2016(3): 3, 10.

[23] 吕忠梅. 为生态损害赔偿制度提供法治化方案[N]. 光明日报，2017-12-22(02).

[24] 李晨光. 生态环境损害救济模式探析 —— 游走在公法与私法之间[J]. 南京大学法律评论，2017(1): 59-72.

[25] 孙佑海，王倩. 民法典侵权责任编的绿色规制限度研究 —— "公私划分"视野下对生态环境损害责任纳入民法典的异见[J]. 甘肃政法学院学报，2019(5): 66, 68, 69.

[26] JOHN B. Principles of European Law. Non-Contractual Liability Arising out of Damage Caused to Another[J]. Journal of European Tort Law, 2011, 2(1): 121.

[27] 李昊. 论生态损害的侵权责任构造 —— 以损害拟制条款为进路[J]. 南京大学学报（哲学·人文科学·社会科学），2019(1): 54.

〔訳注1〕この倉庫火災は、1986年11月1日午前0時19分に、スイスのバーゼルラント州ミュテンツで起きたサンド社の農薬及び化学品倉庫の火災である。死傷者はいなかったものの、消火活動に使われた水が、倉庫に収納されていた農薬及び化学品の一部を溶解し、ライン川に流入した。その中に、リン酸エステル系農薬と水銀を含む殺菌剤があった。これらが国際河川であるライン川に流入したことで、深刻な環境汚染を惹き起こし、流域の西ドイツ、フランス、オランダに大きな被害をもたらした。以上については、西川光一「スイス・バーゼルにおける倉庫火災によるライン川の汚染事故」安全工学26巻6号（1987年）355頁以下より、情報を得た。

解説及び訳者あとがき

　中国は、2014年4月、新《環境保護法》を制定した。それ以前も、1979年9月の《環境保護法（試行）》というものが存在していたが、条数を大きく増やした新法は、史上最厳格とも言える内容を目指すものであり、諸外国の制度も参照しながら制定された。一般論として言ってしまえば、ここには、中国共産党の環境保護のための強い意図があったと言える。新法の施行は2015年1月1日である（第70条）。

　なかでも、環境公益訴訟制度の制定は大きな意義を持っている。そのような訴訟制度を設立するからには、その訴訟を提起できる主体を明確にする必要があり、これを厳しく定めたのでは、結局のところ、訴訟制度自体ができても、その訴訟を起こすことができないという事態となってしまう。新法制定前の司法実務は、環境保護組織や民衆の公益訴訟原告資格を認めたりしていた。所定の要件の下で環境保護組織（いわゆる環境ＮＧＯ）の原告資格が肯定され（第58条）、さらに検察も環境公益訴訟を提起できることとなった。この発展過程において（自然の友等の）環境ＮＧＯの存在が大きかったことが言われている。この環境公益訴訟は、日本では全く定められていない訴訟制度であり、立法面であれ、理論面であれ、実務面であれ、中国の発展過程を研究することの意義は大きいであろう。さらに新法は、公衆の参加という点も重視しており（第53条以下）、公衆の力をどう活用しようとしたのかについても研究する意味があろう。

　こうした点に留意して、本書では、主に環境保護組織による環境公益訴訟と公衆の力の活用といった観点についての論文を中心に集めた。さらに理論的な面についても中国の研究者が真摯に取り組んできていることを示すことを試みた。本書は論文がわずか7本のみの小作品であるが、執筆者として、環境保護組織やその組織の内部で活躍されている先生を、研究者と言ってもベテラン教授ではなく中堅教授や新進気鋭の若手を、さらには民法学者、行政法学者、環境法学者を選んで環境法学の

191

複合的性格に留意することで、中国における新《環境保護法》制定中、及び制定後の最新の展開を垣間見ることができるのではあるまいか。本書の主タイトルとして『素描』という語を選択したのは、そのような意図が含まれている。誤解を恐れずに言えば、中国の法学研究のスタイルとして、（日本で行われ続けているような）数少ない特定の国に特化してしまうのではなく、幅広くあらゆる国々の法制を先ずは学ぶという特徴がある。国の人口が単純に日本の十倍いることで、研究者の人数が多いということもあるだろうが、とにかく世界の法制を調査・研究した上で、中国特有のものを創り上げようという発想があるような気がしてならない。環境保護法もそのようなものの一つなのである。

　中国において、環境保護法ないしは環境公益訴訟をめぐる論文は数え切れないほど出されている。本書が、ほんの僅かではあっても中国の研究状況を日本に伝達する一助となれば、編訳者として、これに勝る喜びはない。

　以下、各章の論文について、出典情報や翻訳許可の情報も含めて、個別に紹介する。

　第1章は、中国において最も主要な環境保護団体である「自然の友【自然之友】Friends of Nature」が執筆した『環境政策唱導便覧【环境政策倡导手册】』(2015年10月27日発表）の翻訳である。原典は、自然の友のホームページ内の http://www.fon.org.cn/index.php/index/post/id/3081 に掲載されている文章である（本翻訳初出時の2016年7月10日は、ここにアクセス可能であった。）。この翻訳のための翻訳権取得に際しては、自然の友の法律と政策唱導部門のプロジェクト主任である王惠诗涵氏に大変、お世話になった。2016年2月下旬に編訳者である矢沢が翻訳許可を求める電子メールを自然の友に送ったところ、3月初めにこの王氏より返事を頂戴した。日本語版の発表という今回の企画に対して、自然の友が許可する旨の内容であった。その後の、翻訳許可のための文書の遣り取り等で、この王氏にお手数をお掛けしたことをここに明記して、感謝の意を表したい。

自然の友という環境保護団体の正式名称は、その定款によれば「北京市朝阳区自然之友环境研究所」と言い、1993年に発起され、1994年に正式に登録され成立した民間環境保護組織である（http://www.fon.org.cn/story/history より。2022年2月13日アクセス。）。今日では、多くの環境公益訴訟に携わるなどして、中国における環境改善に大きく貢献している団体と言える。もともと、この『便覧』は、中国の新しい《環境保護法》について研究し、2016年3月に本学大学院法学研究科修士課程を修了した馬起氏が自然の友のホームページ内で発見したものである。馬氏の集団指導の一人であった編訳者の矢沢は、この『便覧』を見たときすぐに、日本語に訳す価値ありと判断した。馬氏は、修士学位のための特定課題論文提出後も、母国である中国の環境保護関係のテーマについて関心を持ち続けていたが、4月から日本の民間企業に就職することが決まっており、翻訳メンバーに入ることができなかったため、ちょうど研修という形で2015年11月より北九州市立大学法学部に来ていた劉紅艶副教授と矢沢の二人で訳出することとした。

　「唱導」という言葉について。「唱導【倡导】」という中国語はよく使われる単語であり、中国に何回か行かれている諸先生方であればきっとご存知のことと思うが、街の壁面等での公的宣伝文において頻繁に登場する単語である。「倡导绿色生活」という言い方があるように、あることを一般に勧める、率先して提唱するときによく使われるようである。どのように日本語に訳すべきか悩ましいところである。「政策」という言葉と共に使われるのならば「提言」の方が良いのではないかとの意見もあるかもしれないが、行政といった公的機関が市民に「提言」をするという日本語に違和感もあり、日本語として使われることは多くないことを承知の上で、「唱導」とした。しかし、中国語の意味は、これで十分、表現できていると思う。

　この『便覧』は、環境公益訴訟を多数手がけている自然の友という団体について知るという観点から重要性が高い資料と言える。中国における環境公益訴訟を研究するにあたって、一つの方法として、その提訴主体の分析という方法も有効であろう。なぜならば、環境公益訴訟が提起

されて初めて、この新しい訴訟制度に生命がふき込まれ、研究も進展するからである。そしてその提訴主体として最も重要な団体がこの自然の友なのであるから、自然の友が「政策唱導」の一つとして《環境保護法》改正に積極的に参加した経緯を、先ずは当の自然の友が執筆した文章で知っておくことは、状況認識という意味で重要と考える。中国のNGOによる「政策唱導」という視点を中心に据えてこの『便覧』を研究対象とすることももちろん重要なことであろうが、しかし、自然の友が環境公益訴訟において極めて重要な役割を果たしているという紛れもない事実から、中国の環境問題解決の緒を探るために、自然の友を研究することもあってよいはずである。なぜなら、中国における環境問題の改善が世界の環境保護に資する可能性は高いし、実は中国の新《環境保護法》は世界の環境法をリードする可能性すら秘めている内容であるのに、日本人はほとんどこれに関心を持っていないからである。これが、この『便覧』を翻訳した最たる動機である。

　この『便覧』を本書に収録するにあたり、念のため、電子メールで許可を求めたところ、自然の友総法律顧問である劉金梅理事より、公共の利益を目的とする出版ならば可である旨の返事をいただいた（2020年11月23日の矢沢宛の電子メール）。ここに、自然の友及び劉金梅氏に感謝申し上げる。

　なお、中国人の人名が登場するが、ここでは原則として、日本語の漢字に置き換えるといったことは行わず、中国語（簡体字）のまま記載してある。

　第2章は、葛枫《我国环境公益诉讼历程及典型案例分析——以"自然之友"环境公益诉讼实践为例》，载《社会治理》2018年第2期（总第22期）（2018年4月）第51-63页の翻訳である。葛枫氏は、「自然の友」の法律と政策唱導総監督であり、中国法学会環境法分会理事である。

　本章では、前章『便覧』の第三のテーマである環境公益訴訟に焦点を絞り、かつ『便覧』以降の、実際に自然の友が提起した環境公益訴訟について論じたものであり、『便覧』の続きの意味合いもあって、中国に

おける環境公益訴訟の最新の状況を知る上で非常に有意義な論文と言え、日本語に翻訳した次第である。葛氏とは、2016 年の『便覧』の翻訳の際にも（当時、翻訳に関する主担当ではなかったが）電子メールの遣り取りをした経験があり、今回の論文について日本語に訳して発表したいと電子メールで連絡したときには、翌日にすぐに翻訳許可の返信をして下さった（2018 年 6 月 30 日の矢沢宛の電子メール）。葛氏のご厚意に御礼申し上げたい。

　本論文は、2016 年に環境 NGO によって実際に提起された当該訴訟について一覧表になっていたり、また自然の友が 2017 年 12 月までに提起した環境公益訴訟の一覧表が付されたりしており、資料性が高いものとなっている。学術的な議論というよりもいわゆる紹介の側面が強いのは事実であるが、環境公益訴訟を提起している自然の友の法律面での総監督である葛氏の手になるものであるから、むしろ実際の訴訟の経過等、当事者による貴重な一文と言える。

　本論文を本書に収録するにあたり、念のため、電子メールで許可を求めたところ、葛楓氏からは、翻訳出版に同意する旨の返事をいただいた（2020 年 11 月 10 日の矢沢宛の電子メール）。ここに、葛楓氏に感謝申し上げる。

　第 3 章は、刘清生：《论环境公益诉讼的非传统性》，载《法律科学（西北政法大学学报）》2019 年第 1 期（冊子自体の刊行は 2019 年 1 月 10 日、インターネット（中国知网）上の先行発表は 2018 年 11 月 2 日）第 123-132 頁の翻訳である。劉清生氏は、1972 年江西省生まれの福州大学法学院教授（本論文発表時は同副教授）で、民法及び環境法学がご専門である。この研究論文は、「公衆環境利益管理権研究」と題して、福建省社会科学基金の助成を取得されている（FJ2016B071）。環境公益訴訟制度自体について、実務的視点ではなく理論的観点から考察された本論文は、日本において未だに環境公益訴訟が定められていないことを考えたとき、実に有意義な論稿といえる。そこで、この論文を日本語に訳して発表したい旨の国際郵便（EMS）を劉清生先生にお送りしたところ（劉

清生先生のメールアドレスはどこにも公表されていなかった。)、劉清生先生からは、2019 年 2 月 22 日に、ご快諾の返事をいただいた（訳者宛の電子メール）。劉清生先生のご厚意に御礼申し上げたい。

　本論文は、民事訴訟、行政訴訟及び刑事訴訟という三種の伝統的な訴訟類型についての考察から始まり、環境公益訴訟の非伝統性を論じている。そして、「個体」と「総体」の対抗関係を基軸として、非伝統的性質を有する環境公益訴訟は、まさにそうであるが故に、従来からの伝統的な発想では適切な説明ができず、かつ適切な運用もできないとして、あるべき姿を探り、理論的にきちんとした説明をしようとされている。さらに、生態損害の塡補し難い・塡補不可能という性質を考察し、二つの面、すなわち、一に生態利益の損害は事後的埋め合わせがしにくいという点、二に加害者が環境要素の損害について飛びぬけて巨額の賠償金を支払うことができないという点を指摘した上で、予防責任制度の確立を検討されている。途中で昆明における実務の紹介を交える等、理論的説明ならびに理論の、実務における使用状況および実務への反映を意識された論稿となっており、日本においても、検討するに値する内容であると考えられる。

　本論文を本書に収録するにあたり、念のため、許可を求めたところ、劉清生先生からは許可の返事をいただいた（2020 年 11 月 22 日の矢沢宛のメッセージ）。ここに、劉清生先生に感謝申し上げる。

　第 4 章は、梅宏、胡勇：《论行政机关提起生态环境损害赔偿诉讼的正当性与可行性》，载《重庆大学学报（社会科学版）》2017 年第 23 卷第 5 期（2017 年 9 月）第 82-89 页の翻訳である。梅宏氏は、1973 年陝西省生まれの中国海洋大学法学院教授で（本論文発表時は副教授）、環境法学がご専門である。胡勇氏は 1993 年生まれで梅宏教授が指導した院生であり、2018 年 6 月の修士号取得後、実務において活躍され、現在は深圳証券信息有限公司の法務合規である。この研究論文は、「海洋生態環境損害賠償の苦境と対策の研究」と題して、中国の国家社会科学基金の助成を取得されている（17BFX127）。

行政機関が損害賠償訴訟を提起するという中国の近時の制度について、その理論的根拠とその訴訟の在り方について理論的に論じた本論文は、最新の中国環境法を知る上でかなり有意義なものである。そこで、この論文を日本語に訳して発表したい旨のメールを梅先生にお送りしたところ、梅先生からは、2018年8月2日に、即ご快諾の返事をいただいた（訳者宛のメール）。梅先生のご厚意に御礼申し上げたい。中国の新《環境保護法》施行以降、中国では環境保護のためのいくつかの訴訟制度が整備されてきている。個人が提起する環境民事訴訟、法定の要件を充たした社会組織が提起する環境民事公益訴訟、検察機関が提起する環境民事公益訴訟又は行政公益訴訟、行政機関が提起する生態環境損害賠償訴訟といったものがある。とりわけ、検察機関や行政機関が提起する訴訟となると、その理論的根拠は何かから始まって、行政権と司法権との関係という論点が生じてくる。本稿は、行政機関が提起する生態環境損害賠償訴訟について理論的に分析したものである。これらの公益訴訟や生態環境損害賠償請求訴訟については、もちろん今後もしばらくは議論が続くであろうが、先ずは生態環境損害賠償請求訴訟に関する論点の整理・解決と、あるべき姿を目指した本論文は有意義なものと言える。

　本論文を本書に収録するにあたり、念のため、電子メールで許可を求めたところ、梅宏先生からは、翻訳出版に同意する旨の返事をいただいた（2020年11月9日の矢沢宛の電子メール）。ここに、梅宏先生に感謝申し上げる。

　第5章は、景勤：《环境行政公益诉讼中检察机关与公众的合作机制研究》，载《中国环境管理》2018年第5期（2018年10月）第29-36頁の翻訳である。景勤氏は、1989年生まれの湖北汽車工業学院教師である。武漢の名門にして、まさしく中国の国家重点大学の一つである中南財経政法大学にて博士課程を修め、法学博士も取得されており、新進気鋭の研究者と言い得る。主に、行政法、行政訴訟法の観点から環境行政公益訴訟について論じたのが本論文である。この研究論文は、国家社科基金重点項目 "社会主义民主政治中的公民参与及其法治化研究"（14AZD138）

及び中南財経政法大学研究生科研創新項目 "行政公益訴訟中的公衆参与制度研究"（201810609）の助成を取得されている。景先生がいみじくも述べておられるように、中国の理論研究では、行政公益訴訟を公衆参加と結び付けている点が珍しい。本書第 1 章より論じられてきた通り、民間環境保護組織や公衆の力を活用しようとした中国環境保護法について知るためには、本論文も実に有意義な論文と言える。本書のために訳出した理由はここにある。

　本論文を翻訳して本書に収録することにつき、景勤先生に許可を求めたところ、同日中に、許可の返事をいただいた（2020 年 11 月 8 日の矢沢宛の電子メール）。景勤先生のご厚意に感謝申し上げたい。

　本論文翻訳にあたっては、編訳者の大連外国語学院時代の学生である羅自立氏の助力を得た。二人の共訳として、本書で世に問うこととした。

　第 6 章は、劉駿：《〈法国民法典〉中生态损害修复规则之研究》，載《现代法治研究》2019 年第 2 期（总第 12 期）(2019 年 6 月）第 55-61 頁の翻訳である。劉駿氏は、華東政法大学法律学院特聘副研究員（本論文発表時）である。北京航空航天大学にて法学修士を取得された後、フランス（ボルドー大学）及びベルギーに留学され、ブリュッセル自由大学（ULB）にて法学博士を取得されており、商取引法、債権法、物権法がご専門である。これまた、新進気鋭の研究者と言い得る。この研究論文は、上海市の「超級博士后」〔スーパーオーバードクター〕及び全国博管办の「博士后国际交流引进项目」〔オーバードクター国際交流導入プロジェクト〕の助成を取得されている。

　中国の研究者の手になるフランス環境法の生態損害賠償に関する紹介論文は、中国民法の中でそれをどのように規律するかが問われていたことに留意したとき、本論文は有意義な論稿と言える。事実、2019 年 12 月 16 日の中国《民法典（草案）》において生態環境損害についての規定が置かれ（同第 1229 条乃至第 1235 条）、2020 年 5 月 28 日には第十三期全国人民代表大会第三回会議で《中華人民共和国民法典》が可決され、実際の法文となるに至っており、2021 年 1 月 1 日に施行された（同法第

1260 条前段)。なお、生態環境損害についての規定の条数は草案と変わっていない。

　従来の《不法行為責任法【侵権責任法】》(2009 年 12 月制定・公布、2010 年 7 月 1 日施行) では、「環境汚染責任」として 4 ヶ条が置かれていたに過ぎなかったが (《不法行為責任法》第 65 条乃至第 68 条)、新民法典では、習近平国家主席の生態文明思想を貫徹するために (5 月 22 日の同全国人大での全国人民代表大会常務委員会副委員長・王晨氏による草案説明)、故意の環境汚染の場合に生態環境損害についての懲罰的賠償の規定を新設する (第 1232 条) 等、条文数も 7 ヶ条に増え、生態破壊責任についての規定が整備された。懲罰的賠償は、従来は製造物責任の場合だけであったが(《不法行為法》第 47 条。これは、新民法典でも、文言の変化はあるものの、基本的に維持されている (中国《民法典》第 1207 条)。)、故意による環境汚染・生態破壊の場合にも追加されたことになる。また、公益訴訟の場合の賠償範囲についての規定も置かれるに至っており (同法第 1235 条)、汚染の除去や生態環境の修復費用といったものが明記されている (同法同条第 4 号)。

　これらの諸テーマについては、これはこれで研究の必要はあるものの、中国人研究者が、これらに関連する他国の状況についてきちんと研究している様子を垣間見ることも有意義なことであろう。そこで、この論文を日本語に訳して発表することを考えたが、劉駿先生のメールアドレス等の連絡先はどこにも公表されていなかったため、日頃、訳者が個人的に親しくしている華東政法大学経済法学院教授である李偉群先生に劉駿先生のメールアドレスを調べていただいた。それにより劉駿先生と連絡をとることが可能となり、翻訳の許可を求めたところ、劉駿先生からは、2019 年 11 月 8 日に、ご快諾の返事をいただいた (矢沢宛の電子メール)。劉駿先生のご厚意に御礼申し上げたい。加えて、お手を煩わせてしまった李偉群教授にもあわせて御礼申し上げる次第である。

　本論文は、生態損害を惹き起こす侵害への対処という視点から、2016 年 8 月の新しい法律について解説を加えたものである。生態損害の定義に始まり、その修復のための訴訟提起主体について説明する。そして、

生態損害賠償訴訟を提起することができる権利者を厳格に制限しないことで、公衆の参画を励まし、公権力の懈怠を防ぐことができることを指摘する。これは、中国における環境公益訴訟の訴訟提起主体の議論を意識してのものであると予想される。次に、既判力と時効について議論を展開し、実際の修復措置として、原状回復や損害賠償について論じている。確かに論文としては短めであるが、中国人研究者による紹介論文として、中国の環境法制を知る一助となるように思われる。

　翻訳にあたり、フランスの2016年民事責任法改正に関して、パトリス・ジュルダン、アンヌ・ゲガン＝レキュイエ、ジョジアンヌ・キャリエール＝ジュルダン／中原太郎訳「シンポジウム　フランス不法行為法の現代的課題——環境損害・多衆侵害」法学82巻2号（2018年6月）、鈴木清貴「フランス民事責任法草案（2016年4月29日）試訳」武蔵野大学政治経済研究所年報14号（2017年2月）、同「フランス民事責任改正草案（2017年3月13日）試訳」武蔵野法学7号（2017年10月）を参考にした。ここに記して、御礼申し上げる。

　本論文を本書に収録するにあたり、念のため、電子メールで許可を求めたところ、劉駿先生からは、翻訳出版に同意する旨の返事をいただいた（2020年11月8日の矢沢宛の電子メール）。ここに、劉駿先生に感謝申し上げる。

　第7章は、梅宏:《生态破坏责任及其入法路径》，载《吉首大学学报〔社会科学版〕》2020年第41卷第3期（2020年5月、インターネット（中国知网）上の先行発表は2020年5月1日）第24-36頁の翻訳である。梅宏氏は、すでに述べたように、中国海洋大学法学院教授であり、詳細は第4章の解説の際に述べた。この論文は、国家社会科学基金項目（17BFX127）の研究資金を獲得されておられる。梅教授が編訳者にメールで送ってくださったものであり、2020年11月13日、日本語に翻訳することについてご快諾の連絡を下さった。『吉首大学学報（社会科学版）』は「CSSCI」採録誌である。

　本論文は中国民法典（草案）が出された後の原稿であり、2020年5月

に中国民法典が可決される前のものであるため、論文の中では民法典（草案）と書かれているが、本論文が特に問題としている不法行為責任編の第七章（第1229～1235条）は、草案から変更されていないため、そのまま読み進めることが可能である。

　本論文は、環境汚染及び生態破壊責任について、ヨーロッパでの経験に触れながら、環境法と新中国民法典の両者において、どう規定していくべきかについて論じたものであり、第6章からの接続という意味でも有意義な論文と言える。

　本論文翻訳にあたっては、これまた編訳者の大連外国語学院時代の学生である斉青氏の助力を得た。二人の共訳として、本書で世に問うこととした。

　本書がなるにあたっては、多くの方々にお世話になった。

　編訳者が中国環境法に足を踏み入れる切っ掛けは、北九州市立大学法学部教授の三宅博之先生と何度もアジア諸国での調査を共にしたことであるのは間違いない。環境保護と途上国の環境政策に造詣が深い三宅先生は、現場に行くことの重要性と、当該土地の人々の生活実態に即して、当該土地の空気、におい、味、音、温度・湿度を体で感じながら当該土地の諸問題を研究することの有意義性を常に説いて下さった。その三宅先生はこの3月末日に北九州市立大学を定年退職される。小作品ではあるものの、三宅先生の定年退職をお祝いし、万謝の念を表して、本書を三宅先生に謹んで捧げたい。

　本書は、北九州市立大学の「2021年度学術図書刊行助成」を頂くことができた（北九州市立大学研究委員会2021年3月決定）。その申請にあたっては、法学部長である田村慶子先生のお手を煩わせた。ここに記して、御礼申し上げたい。

　中国語の疑義については、明治学院大学の西香織教授、宿遷学院外国語学院の劉紅艶副教授に教えていただいた。毎回毎回、編訳者による突然の問い合わせに即座に応対していただいたことは感謝に堪えない。とは言え、訳文には、編訳者の能力不足に起因する誤りが多々あるものと

思われ、それらはすべて編訳者である矢沢の責任であることは言うまでもない。諸先生方のご教示・ご叱正を頂戴できれば幸甚である。

　また、本書の途中で登場する図表の作成にあたっては、北九州市立大学のベテラン職員である石川直美さんの助力を得た。これまたここに記して、感謝の意を表する。

　最後になるが、扶桑印刷社及び日中言語文化出版社の代表取締役である関谷一雄社長、そして版を組む作業をやっていただいたオペレーターの河村俊彦氏には大変、お世話になった。編訳者の原稿提出が大幅に遅れ、上記の助成との関連で刊行締切日が迫る中、かなりの無理をして下さったものと思う。本書のようなおよそ利益を出し難い純粋学術書の刊行に援助して下さったことに対し、篤く御礼申し上げたい。

　　2022 年 2 月、壬寅之年元宵節を前にして

編訳者　矢 沢 久 純

原著者紹介

自 然 の 友　　中国における環境ＮＧＯ

葛　　　　楓　　自然の友における法律と政策唱導総監督

劉　清　生　　福州大学法学院教授、法学博士

梅　　　　宏　　中国海洋大学法学院教授、工学博士

胡　　　　勇　　深圳証券信息有限公司法務合規、法学修士

景　　　　勤　　湖北汽車工業学院教師、法学博士

劉　　　　駿　　華東政法大学法律学院副研究員、法学博士

【編訳者】

矢沢　久純（YAZAWA Hisazumi）
　1971 年生、北九州市立大学法学部教授、華東政法大学日本法研究中心客座教授、アモイ（厦門）大学法学院日本法研究中心客座研究員、博士（法学）

【共訳者】

劉　　紅艶（LIU Hongyan）
　1979 年生、宿遷学院外国語学院副教授、博士（学術）
羅　　自立（LUO Zili）
　1991 年生、黔南経済学院助教、翻訳修士（MTI）
斉　　青（QI Qing）
　1991 年生、大連外国語大学日本語学院卒業

中国環境法素描　——2015 年新中国環境保護法をめぐる議論の諸相——

2022 年 3 月 25 日　初版第 1 刷発行

編　訳	矢　沢　久　純	
発行者	関　谷　一　雄	
発行所	日中言語文化出版社	
	〒531-0074　大阪市北区本庄東2丁目13番21号	
	ＴＥＬ　０６（６４８５）２４０６	
	ＦＡＸ　０６（６３７１）２３０３	
印刷所	有限会社 扶桑印刷社	

©2022 by YAZAWA Hisazumi, Printed in Japan
ISBN 978－4－905013－74－7